ISBN-13: 978-1981909537

ISBN-10: 1981909532

Automatización Industrial
Ingeniería eléctrica
Tecnología, representación y funciones

Tomo 2

Ing. Miguel D'Addario

Primera edición
Comunidad Europea
2018

Índice Tomo 2

Tema 5
Aplicación de la teoría Binodal

Introducción

La aplicación de la "Teoría Binodal" a los procesos de síntesis de sistemas secuenciales asíncronos y sincronizados proporciona un método rápido e intuitivo en el que sin perder en ningún momento la imagen global del sistema tratado, y a través de un gráfico representativo de la dinámica del sistema, se obtienen las ecuaciones lógicas que rigen el comportamiento del sistema.

En la síntesis de sistemas asíncronos (que evolucionan sin precisar el control de una señal de reloj), resulta sencillo evitar las transiciones críticas y los deslizamientos de secuencia, ya que el "grafo de secuencia" contiene todas las evoluciones internas del sistema y, por tanto, las anomalías citadas pueden ser eliminadas a medida que se vaya construyendo el grafo.

Conceptos binodales básicos

El planteamiento de la teoría binodal se inicia con la definición de "binodo" y "multinodo", y con la descripción de un diagrama designado con el nombre de "grafo de secuencia". A partir de las definiciones de estas estructuras, se deducen los teoremas binodales, que permiten obtener las ecuaciones de salida de cualquier binodo, resultando además dichas ecuaciones simplificadas en la mayoría de los casos, o pendientes de una mínima y directa simplificación

Definición general de binodo. Variables de acción
Se dice que un dispositivo cualquiera posee estructura de binodo, cuando únicamente puede encontrarse en dos situaciones, pasando de la una a la otra, por efecto de unas variables de acción (v.d.a.), independientemente de que el efecto de dichas variables quede o no memorizado al desaparecer éstas.
Se distinguen dos tipos fundamentales de binodos:
Binodo " bi "
Binodo " mono" o "monodo".

Binodo " mono " o "monodo". Gráfico representativo
Se denomina así a todo aquel binodo que necesita la presencia de una, al menos, de las variables de acción (v.d.a.) creadoras Mr (r = 1, 2.... n) y la

ausencia de todas las v.d.a. negadores Pu (u = 1, 2...
m) para sostener una de sus dos situaciones (B), a la
que se denomina situación principal.

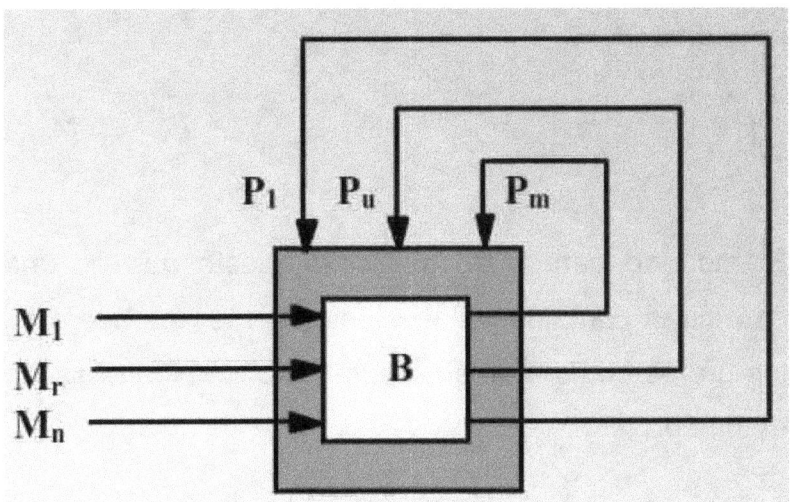

Como se puede observar en el grafo, la situación
principal (B) existirá cuando estando presente alguna
de las v.d.a. (Mr), no exista ninguna de las v.d.a (Pu).

Es decir, el efecto de las v.d.a. anulatorias o negadoras de la situación (B) tiene prioridad sobre el de las v.d.a. creadoras de dicha situación, en el supuesto de que variables de ambos grupos actúen simultáneamente.

Obtención de la ecuación lógica del binodo mono

La ecuación lógica de un binodo mono se obtiene multiplicando a la suma de las variables de acción creadoras las inversas de las variables de acción negadoras.

$$B = (M_1 + M_2 + \ldots + M_n) \cdot \overline{P_1} \cdot \overline{P_2} \cdot \ldots \overline{P_m}$$

El monodo carece de memoria puesto que es una estructura combinacional, y únicamente aparecerá en los grafos como elemento accesorio de alguna salida de binodo

Binodo " bi ". Grafo de secuencia representativo

Se denomina binodo "bi" a todo aquel binodo que se mantiene en la situación en la que se encuentra, aunque desaparezca la v.d.a. que la originó, siempre y cuando no exista otra v.d.a de efecto contrario que la haga vascular a la situación opuesta.

En este caso, no hay prioridad de unas v.d.a sobre otras (creadoras o negadoras). La prioridad dependerá de cuál de los dos teoremas del binodo "bi" utilicemos para obtener las ecuaciones lógicas

El grafo de secuencia del binodo "bi " puede expresarse de la forma que se indica.

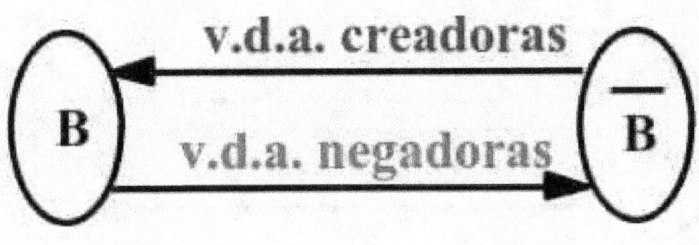

Teoremas del binodo " bi "

1° Teorema (prioridad de la v.d.a. negadora)

La ecuación lógica de salida de una situación cualquiera de un binodo, independiente o integrado en un multinodo, se halla sumando a la propia situación, las v.d.a. que la crean, y multiplicando este resultado por las inversas de las v.d.a. que hacen conmutar al binodo a la situación complementaria de la considerada.

$$B(t) = \left[\left(B + \overset{n}{\underset{r=1}{\Sigma}} Mr \right) \cdot \overset{m}{\underset{u=1}{\Pi}} \overline{Pu} \right]_{(t-\tau)}$$

donde Σ y Π son el sumatorio y el productorio booleano respectivamente, t el instante considerado y τ el tiempo de conmutación del binodo en cuestión.

Aplicando el teorema enunciado al grafo de secuencia del binodo "bi" se obtiene la ecuación lógica siguiente:

$$B = (B + A) \cdot \overline{C}$$

2º Teorema (prioridad de la v.d.a. creadora)

La ecuación lógica de salida de una situación cualquiera de un binodo independiente o integrado en un multinodo se halla, multiplicando la propia situación binodal por las inversas de las variables que la niegan y sumando las v.d.a. que la crean.

$$B(t) = [(B \cdot \prod_{u=1}^{m} \overline{Pu}) + \sum_{r=1}^{n} Mr]_{(t-\tau)}$$

Las ecuaciones obtenidas para una situación binodal mediante los dos teoremas, son equivalentes, aunque tienen distinta estructura, siempre que se verifique la hipótesis de no simultaneidad de v.d.a. de efectos antagónicos.

En los casos en que se admita la simultaneidad de v.d.a. antagónicas, se demuestra que el 1º teorema proporciona una ecuación lógica que da prioridad al efecto de las v.d.a. de borrado sobre las de creación de la situación, en tanto que el segundo teorema da prioridad a las v.d.a creadoras de la situación. No obstante, debe quedar claro que por medio de condicionantes en el grafo de secuencia puede imponérsele a cualquiera de los dos enunciados del teorema binodal la prioridad que se desee; es decir, cualquiera de los dos teoremas responde a las exigencias de los condicionantes de prioridad introducidos en el grafo de secuencia. Así pues, las ecuaciones lógicas, una vez simplificadas serán idénticas.

Ejemplo: En el binodo de la figura se ha dado, por medio del condicionante M, prioridad a la v.d.a. M sobre P en el caso de que exista simultaneidad:

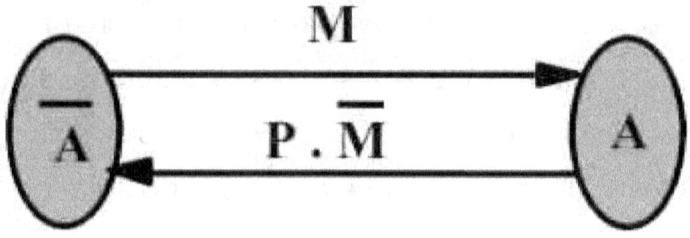

Aplicando el 1º teorema y simplificando la ecuación obtenida, resulta:

$$A = (A + M) \cdot P \cdot \overline{\overline{M}} = (A + M) \cdot (\overline{P} + M) =$$

$$A \cdot \overline{P} + A \cdot M + M \cdot \overline{P} + M = A \cdot \overline{P} + M$$

Aplicando el 2º teorema y simplificando la ecuación obtenida, resulta:

$$A = A \cdot P \cdot \overline{\overline{M}} + M = A \cdot (\overline{P} + M) + M =$$

$$A \cdot \overline{P} + A \cdot M + M = A \cdot \overline{P} + M$$

Multinodo. Grafo de secuencia

Bajo la denominación de multinodo se incluye a toda estructura constituida por varios binodos influenciados entre sí. Como consecuencia aparecerán numerosas situaciones que a su vez podrán actuar como v.d.a o bien como condicionantes de otras v.d.a de los diferentes binodos. Nos encontraremos pues, con v.d.a internas, externas, temporizadas, diferenciadas, etc., así como compuestas; es decir, en forma de expresiones booleanas de varias variables simples.

Cada una de las múltiples situaciones parciales del multinodo pueden proporcionar al exterior, de forma simultánea, una acción física que se denomina salida

En la siguiente figura, se muestra, a modo de ejemplo, el grafo de secuencia de un multinodo, el cual nos proporciona una visión global y dinámica de todas las evoluciones del programa operacional que representa.

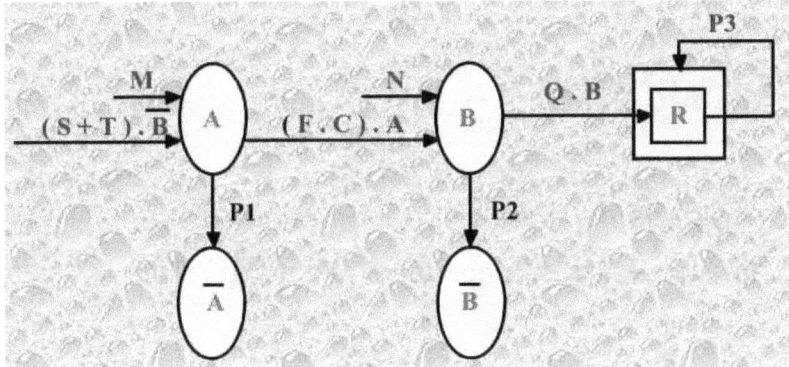

Se observa que este multinodo está constituido por dos binodos "bi" y un "monodo".

La situación A es creada por la v.d.a M, o bien por la booleana (S + T), pero condicionada esta última a la existencia de B, es decir, tiene que valer "1" la expresión (S + T) · B. La situación complementaria de A, o sea A, será creada por la acción de P1.

$$A = [(A + M + (S + T) \cdot \overline{B}] \cdot \overline{P1}$$

La situación B es creada por la acción de la variable N, o por la booleana F·C condicionada a la existencia de A, y será borrada, es decir, su complementaria B, por la acción de la variable P2.

$$B = (B + N + F \cdot C \cdot A) \cdot \overline{P2}$$

La situación R será creada por Q condicionada a B, y borrada por P3.

$$R = Q \cdot \overline{B} \cdot P3$$

Condicionantes parciales y generales

Tomemos como ejemplo el siguiente ejercicio:

Se desea gobernar dos relés R1 y R2, de tal forma que R1 pueda actuar con independencia de R2; pero que R2 sólo pueda excitarse cuando R1 esté excitado, si bien, una vez excitado R2 pueda seguir existiendo, aunque desaparezca R1.

La activación del relé R1 se hará por un impulso eléctrico proporcionado por un pulsador M1, y la activación de R2 por un pulsador M2. La desactivación de ambos relés se producirá por un impulso eléctrico en P1 y P2 respectivamente.

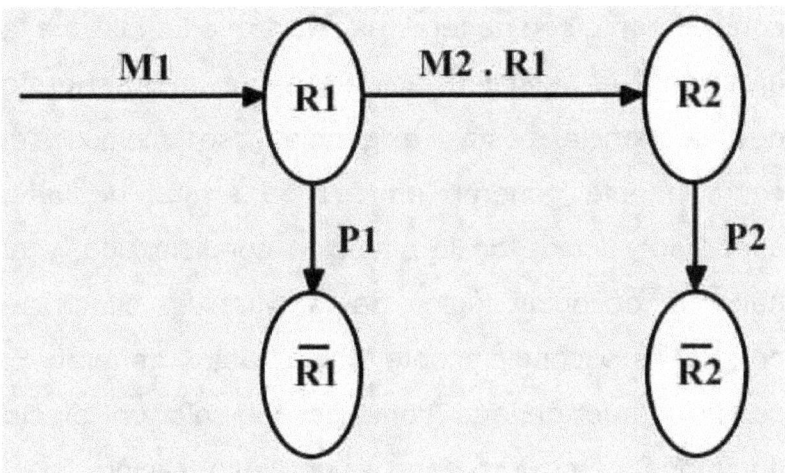

Ecuaciones lógicas

$$R1 = (R1 + M1) \cdot \overline{P1}$$

$$R2 = (R2 + M2 \cdot R1) \cdot \overline{P2}$$

El enunciado del ejercicio nos indica que la situación R2 debe ser creada por la v.d.a. M2, pero condicionada a la existencia de R1, si bien, una vez creada dicha situación R2, debe persistir, aunque desaparezca R1. En estos casos decimos que R1 es un condicionante parcial, porque sólo condiciona la creación, pero no la persistencia, de R2.

En algunos automatismos es necesario que el condicionante sea general; es decir, que condicione la creación y la persistencia. Para expresar en el grafo de secuencia esta exigencia, se coloca el condicionante general (enmarcado en un pequeño cuadrado) al lado de la situación condicionada, y al hallar la ecuación lógica de la situación citada se pondrá este condicionante como factor general. El condicionante general tiene por si solo un efecto anulatorio, pero no creador; es una autorización.

Así, si en el ejercicio anterior se hubiese exigido que la situación R2 estuviera condicionada en todo momento a la existencia de R1, haríamos el grafo de secuencia siguiente:

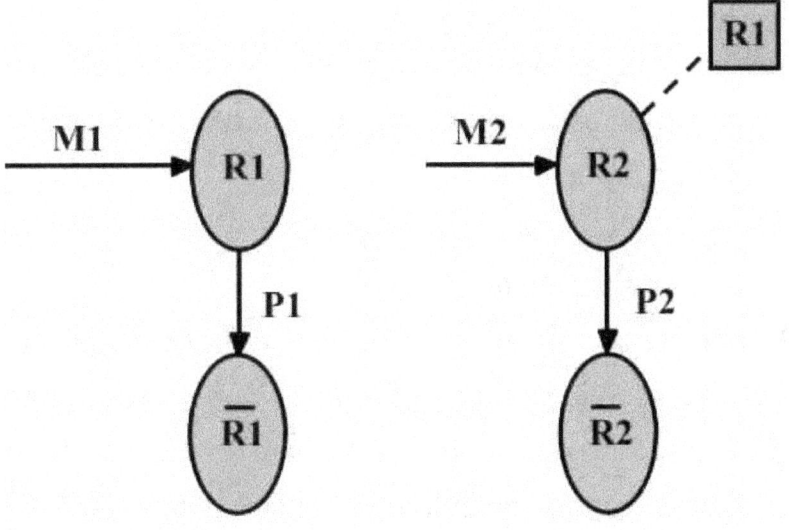

Ecuaciones lógicas

$$R1 = (R1 + M1) \cdot \overline{P1}$$

$$R2 = (R2 + M2) \cdot \overline{P2} \cdot R1$$

Diseño binodal de automatismos secuenciales

Para poder abordar el diseño de los automatismos secuenciales por el método binodal, es necesario tener en cuenta una serie de conceptos, que a continuación se definen:

Variables de acción (v.d.a)

Es toda información, en expresión simple o booleana, exterior o interior al sistema que puede provocar una evolución de éste.

Estados de acción (e. d. a.)

Denominamos estados de acción (e.d.a) a cada una de las combinaciones binarias que se pueden presentar en las variables externas de entrada a un automatismo, provocando una transición de éste.

Entre cada dos estados de acción operativos pueden existir uno o varios estados de acción transitorios

Estados de acción idénticos

Son aquéllos (e.d.a) cuyas variables constituyentes se encuentran en el mismo valor binario o nivel lógico.

Estados de acción idénticos y compatibles

Dos e.d.a idénticos serán compatibles, y por tanto no necesitarán ser discriminados en los siguientes casos:

a.- Cuando crean siempre y únicamente las mismas situaciones binodales.

b.- Cuando la situación binodal creada por uno de ellos es condicionante para la operatividad del otro;

generalmente estos e.d.a aparecen consecutivos en el grafo de secuencia.

c.- Cuando las situaciones creadas por ellos no sean antagónicas, y además se cumpla que los intervalos de existencia de dichas situaciones sean mayores que los intervalos existentes entre los citados estados idénticos, incluido el e.d.a límite del intervalo. Los e.d.a. idénticos compatibles se unen mediante una línea de trazos, excluyendo a los transitorios con sus adyacentes, por ser siempre compatibles

Estados de acción idénticos e incompatibles

Decimos que dos e.d.a idénticos son incompatibles cuando no cumplen ninguna de las condiciones a), b) y c) anteriormente expresadas. A efectos prácticos para determinar la compatibilidad o incompatibilidad de e.d.a. idénticos, aplicaremos las reglas establecidas por F. Ojeda, que establecen la incompatibilidad de dos e.d.a. idénticos cuando: "Las situaciones creadas por ellos sean antagónicos, o cuando una al menos de las situaciones binodales generadas por cualquier de dichos estados no exista en el instante de la actuación del otro estado idéntico."

Estos estados necesitan, siempre, ser discriminados, pues de lo contrario se podrían producir saltos de secuencia, acciones antagónicas, ciclos parásitos, etc. En estos casos, es necesario recurrir a la intersección de otras variables con la variable de acción correspondiente. Las citadas variables condicionantes pueden ser otras variables externas (captadores de información) o variables internas (situaciones binodales), pero en muchas ocasiones será necesaria la intersección de nuevas variables, que denominaremos "variables auxiliares".

Estados de acción no idénticos e incompatibles
Son aquéllos en que la misma v.d.a. da lugar a situaciones binodales distintas. Estos necesitan ser discriminados, de la misma forma que los e.d.a. idénticos. Los e.d.a. incompatibles e unen mediante una línea continua.

Diseño binodal de automatismos secuenciales que no presentan estados idénticos incompatibles
A continuación, se diseña un automatismo concreto, con el objeto de aclarar los conceptos expuestos, así

como aclarar la forma de realizar el grafo de secuencia y la obtención de las ecuaciones lógicas.

Ejercicio

Proyectar el circuito de mando para un móvil que se desliza sobre un husillo movido por un motor con doble sentido de giro. El motor es gobernado por dos contactores Rd y Ri que lo conexionan para que gire en sentido derecha o izquierda, respectivamente.

Condiciones

a) Al pulsar Md entrará el contactor Rd; entonces el móvil se desplaza hacia la derecha, y al llegar al final de carrera Fd se para, regresando seguidamente hacia Fi, donde permanecerá en reposo hasta una nueva orden de Md.

b) Al pulsar un botón de emergencia P, se parará el móvil en cualquier posición en que se encuentre, y podrá reanudar la marcha hacia la derecha si se pulsa Md, o hacia la izquierda si se pulsa Mi. En cualquiera de los dos casos se parará al final del ciclo; es decir, al llegar el móvil al final de carrera Fi.

El grafo de secuencia debe ser una expresión gráfica fiel del programa del automatismo propuesto.

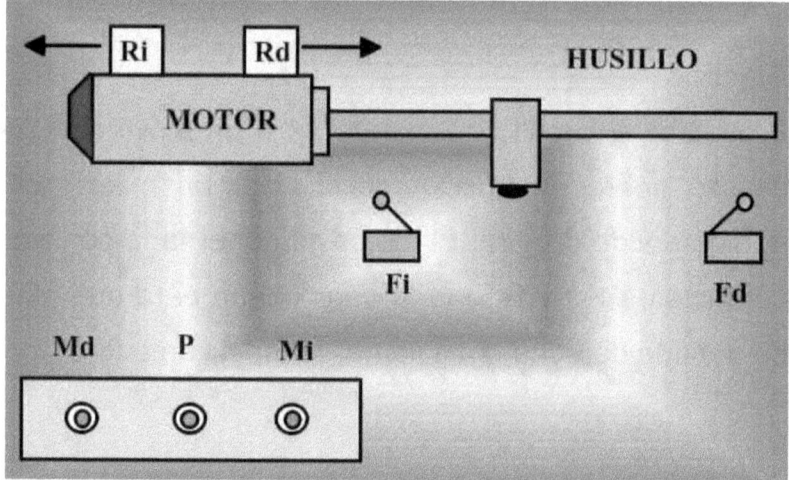

El proceso para la realización del grafo de secuencia es el siguiente:

1) Se van dibujando las situaciones binodales en el orden en que se deben ir creando, según la secuencia impuesta por el programa del automatismo propuesto.

2) Se escriben los e.d.a. En primer lugar, se anota el e.d.a. de comienzo del ciclo; es decir, los niveles lógicos (1 o 0) de los captadores de información en el momento de comienzo del ciclo. A partir del e.d.a en el comienzo de ciclo se van obteniendo los siguientes, simplemente cambiando el nivel lógico de las variables que han conmutado. Deben incluirse los

e.d.a transitorios si son diferentes del estado de acción operativo adyacente.

3) Se identifican los estados idénticos y si son compatibles se les une mediante una línea de trazos, excluyendo a los transitorios entre sí y a los transitorios con sus adyacentes, por ser siempre compatibles. Si son incompatibles, se les une con una línea continua.

4) Se observa si alguna misma v.d.a da lugar a situaciones binodales distintas, si es así, se unen sus e.d.a con una línea continua.

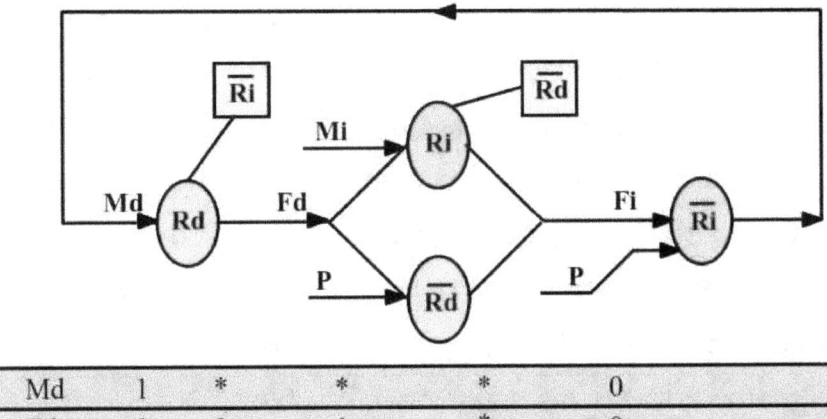

Md	1	*	*	*	0
Fd	0	0	1	*	0
Fi	1	*	0	0	1

(1) (1')   (2)   (2')   (3)

En consecuencia:

Los estados de acción operativos son: (1), (2) y (3).

Dentro de las variables externas que constituyen un estado de acción, no se considera el pulsador de paro P ni el de marcha Mi, ya que no tienen un comportamiento regular dentro del automatismo; dependen de la voluntad del operario.

Con el asterisco se indica que Md puede estar o no pulsado, depende del operario; siempre consideraremos el caso más desfavorable, que pueda estar o no pulsado; a excepción del último e.d.a., en que se considerará que es cero, con el fin de que se acabe el ciclo, ya que en caso de estar pulsado de nuevo Md volvería de nuevo a empezar el proceso. En los estados transitorios (1') y (2') hemos indicado con asteriscos el estado de los contactos Fi y Fd, pues podría ocurrir que el operario dejara de pulsar justo antes de abrirse cualquiera de los contactos anteriores; con lo que los asteriscos permiten contemplar todas las situaciones posibles.

No hemos indicado el estado transitorio (3') porque es análogo al estado de acción (3) y corresponde al estado inicial del automatismo antes de pulsar el botón de marcha Md. Todos los estados transitorios son compatibles entre sí por ser inoperantes. También son compatibles con los dos e.d.a operativos adyacentes (si son idénticos) puesto que la identidad de un transitorio con el e.d.a. operativo adyacente anterior no haría más que confirmar el efecto de éste y si la identidad es con el e.d.a. operativo adyacente posterior significaría que se había llegado a él, es decir, no se trataría realmente de un transitorio.

Los estados (1') y (2') aunque son idénticos son compatibles por ser transitorios.

Los estados (1') y (3) son compatibles ya que la situación binodal Ri creada por (3) existe en el momento en que aparece el (1').

Es conveniente, una vez realizado el grafo de secuencia y detectadas las incompatibilidades, si las hubiera, repasar los e.d.a observando si se da la coexistencia de variables negadoras en los e.d.a. correspondientes a las creadoras, en el caso de aplicar el primer teorema (prioridad de las negadoras); o de variables creadoras en los e.d.a correspondientes a las negadoras, en el caso de aplicar el 2º teorema (prioridad de las creadoras). Ya que en el primer caso no se podría crear la situación binodal y en el segundo no se podría negar.

Obtención de las ecuaciones lógicas

$$Rd = (Rd + Md \cdot Fi) \cdot \overline{Fd} \cdot \overline{P} \cdot \overline{Ri}$$

Por el 1º teorema

$$Ri = (Ri + Mi + Fd) \cdot \overline{Fi} \cdot \overline{P} \cdot \overline{Rd}$$

Diseño binodal de automatismos secuenciales que presentan estados idénticos incompatibles

Los e.d.a idénticos sabemos que pueden ser compatibles o incompatibles; estos últimos deben ser discriminados si no se desean saltos de secuencia. Para ello se recurre a la intersección de la v.d.a creadora con otras variables. Estas variables pueden ser externas (captadores de información) o internas (situaciones binodales), pero en muchas ocasiones será necesaria la intervención de nuevas variables, que se denominan "variables auxiliares".

Automatismos con variable auxiliar

Ejemplo: El grafo de la figura representa un automatismo que va a permitir aclarar los conceptos indicados para diseñar un automatismo con variable auxiliar.

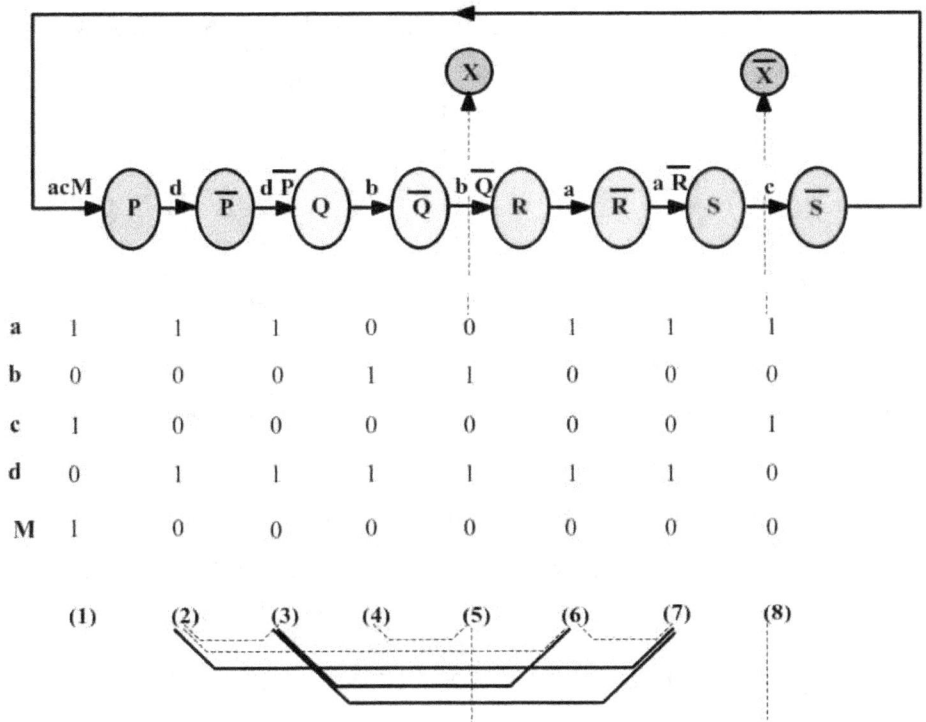

Estudio de compatibilidad

Los e.d.a (2) y (3), son idénticos y compatibles, por el caso b.

Los e.d.a. (2) y (6), son idénticos y compatibles, por el caso c.

Los e.d.a (6) y (7), son idénticos y compatibles, por el caso b.

Los e.d.a (4) y (5), son idénticos y compatibles, por el caso b.

		N.I.E.E.S.B		N.I.E.E.A.I		S. Antag.
2-6	P'	7	>	4	Compatible	No
6-2	R'	7	>	5	Compatible	No
2-7	P'	7	>	5	Compatible	No
7-2	S	1	<	3	Incompatible	Si
3-6	Q	1	<	3	Incompatible	Si
6-3	R'	7	>	5	Compatible	No
3-7	Q	1	<	4	Incompatible	Si
7-3	S	1	<	4	Incompatible	Si

Los e.d.a (2) y (7), son idénticos e incompatibles, por el caso c: observemos que los intervalos entre S y S son menores que entre los estados (7) y (2). Los e.d.a (3) y (6) son idénticos e incompatibles, por el apartado c. Observemos que los intervalos entre Q y Q son menores que los intervalos entre los estados (3) y (6). Los e.d.a (3) y (7) son idénticos e incompatibles por al apartado c. Observemos que los intervalos entre Q y Q son menores que los intervalos entre los estados (3) y (7). Igualmente, los intervalos entre S y S son menores que los intervalos entre los estados (7) y (3). Para eliminar las incompatibilidades existentes entre e.d.a idénticos, se introducen las variables necesarias, de manera que la creación corte todos los lazos, y la desactivación sea fuera de los lazos.

Variables auxiliares

La discriminación de e.d.a incompatibles se puede realizar, algunas veces, por condicionamiento a variables internas (situaciones binodales), pero normalmente es necesario introducir nuevas variables condicionadoras, llamadas " variables auxiliares ".

Estas variables se introducen en el grafo de secuencia y se mantienen memorizadas durante un cierto intervalo del ciclo secuencial.

Variables directivas

Se llaman " variables directivas " a aquellas que en el momento de aparecer dan lugar a una nueva situación binodal. Estas variables pueden ser simples o booleanas.

"Las variables directivas han de tomarse siempre para la obtención de las ecuaciones lógicas", porque son las que determinan el momento de creación de las situaciones binodales. Las restantes variables que junto con la directiva constituyen un e.d.a. son solamente "condicionantes" del efecto de dicha variable directiva y únicamente serán necesarias, algunas de ellas, en aquellos casos que la variable directiva exista (aunque no sea como directiva) varias veces en un mismo ciclo y necesita ser discriminado su efecto en los distintos momentos de la secuencia.

Discriminación de estados de acción incompatibles

La discriminación de e.d.a. idénticos incompatibles se consigue introduciendo en el grafo de secuencia las variables auxiliares. Una variable auxiliar será creada por alguna de las variables directivas o situaciones binodales existentes en uno de los intervalos del ciclo que separan los e.d.a. incompatibles, y será borrada (creada su complementaria) por alguna variable directiva o situación binodal existente en el otro intervalo que separa a los citados e.d.a.

Las variables auxiliares tienen carácter binario (X, X); por tanto, una sola variable auxiliar puede discriminar dos o más e.d.a. incompatibles; bastará para ello que unos e.d.a. queden en el intervalo del dominio de X, y los correspondientes incompatibles, en el intervalo del dominio de X. El número de variables auxiliares necesarias para discriminar todos los e.d.a. incompatibles, y la determinación de los puntos del grafo en que aquellas deben ser introducidas se obtiene fácilmente trazando el número mínimo de líneas verticales que, pasando por alguna v.d.a., intercepten la totalidad de los enlaces de los e.d.a. incompatibles. Así, en el grafo anterior bastará la línea vertical X para interceptar todos los enlaces de un intervalo, y la línea X para interceptar los del intervalo de vuelta.

Dominio de una variable

Se denomina dominio de una variable (directiva, condicionante o auxiliar, simple o booleana) a los intervalos de ciclo durante los cuales permanece en ese estado. Por ejemplo, X está activada en 3 intervalos: entre (5) y (6), entre (6) y (7) y entre (7) y (8).

Dominio de una situación binodal

Se llama dominio de una situación binodal a los intervalos de ciclo comprendidos entre

la citada situación y situación antagónica. Por ejemplo, de P a P hacia la derecha hay un intervalo, y hacia la izquierda hay siete. Tanto el dominio de una variable como el dominio de una situación binodal pueden ser intermitentes, pues es frecuente en muchos automatismos el que una misma variable o situación binodal exista en dos o más grupos de intervalos distintos del ciclo; es decir, que se cree y se borre más de una vez dentro de un mismo ciclo. Observemos que los e.d.a. (2) y (3) han quedado bajo el dominio de X, mientras que sus incompatibles (6) y (7), respectivamente, están bajo el dominio de X.

A continuación, diseñaremos un automatismo concreto, con el objeto de aclarar los conceptos expuestos y orientar sobre la forma de realizar el grafo de secuencia y la obtención de las ecuaciones lógicas.

Ejercicio

Se desea sintetizar un autómata secuencial para el gobierno del desplazamiento de dos móviles, según el programa siguiente: Mediante una orden impulsional en el botón de puesta en marcha M se debe activar el contactor R1, lo que provoca que el móvil (1) se desplace hacia la derecha, al llegar éste al captador F2 se debe desactivar R1 y a continuación activarse R3, lo que hace desplazar al móvil (2) hacia la derecha. Al llegar éste al captador F4 se debe desactivar R3 y activarse seguidamente R4, por lo cual el móvil (2) se desplazará hacia la izquierda hasta llegar de nuevo a F3, donde debe pararse y seguidamente activarse R2, que hace regresar al móvil (1) hasta F1 (estado inicial), donde permanecerá hasta una nueva pulsación en M, que ordenará la iniciación de un nuevo ciclo.

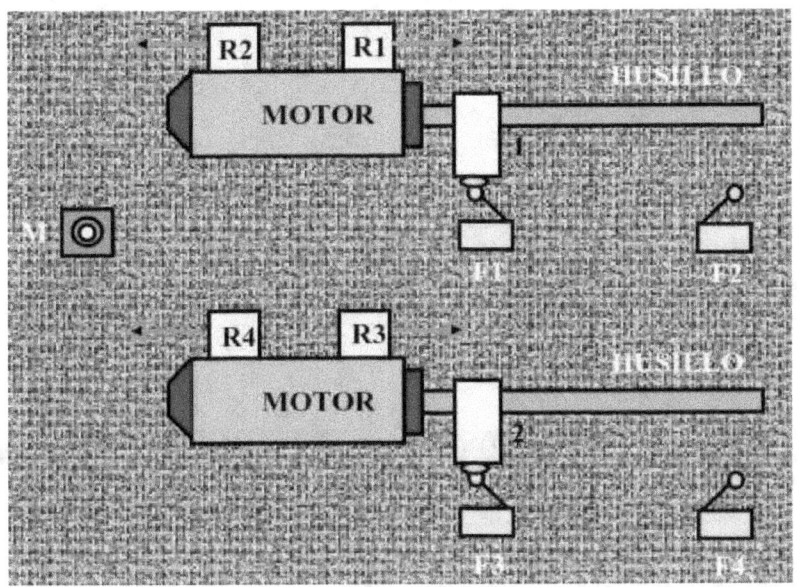

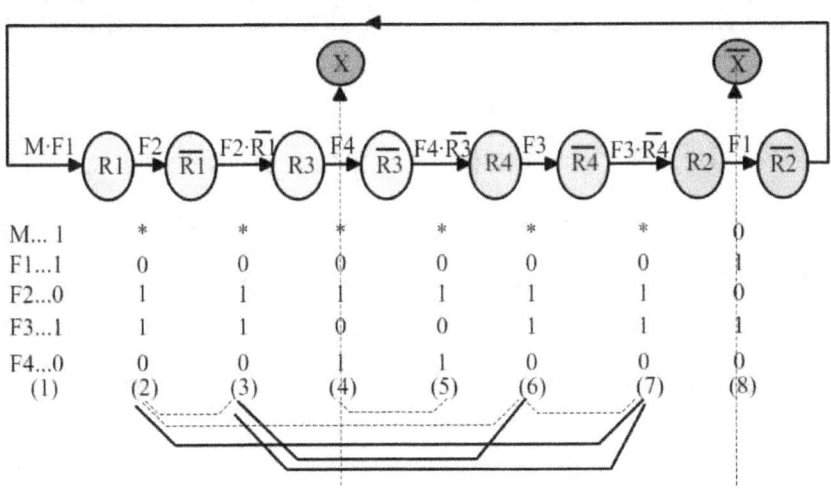

Identificación de e.d.a. idénticos

Comparando el e.d.a. (1) con todos los siguientes vemos que no es idéntico a ninguno.

Comparando el e.d.a. (2) con todos los siguientes se deduce que es compatible con el (3) (caso b). También es compatible con el (6) (caso c). Sin embargo, con el (7) es incompatible.

Comparando el e.d.a. (3) con todos los siguientes se verifica que es incompatible con el (6) y con el 7).

Los restantes e.d.a no tienen ninguna incompatibilidad.

		N.I.E.E.S.B		N.I.E.E.A.I		S. Antag.
2-7	R1'	7	>	5	Compatible	No
7-2	R2	1	<	3	Incompatible	Si
3-6	R3	1	<	3	Incompatible	Si
6-3	R4'	7	>	5	Compatible	No
3-7	R3	1	<	4	Incompatible	Si
7-3	R2	1	<	4	Incompatible	Si

Introducción de variables auxiliares

Si en el ciclo que existen e.d.a. incompatibles (en el ejercicio que estamos tratando son incompatibles el 2 con el 7 y el 3 con el 6 y 7) es necesario discriminar sus acciones, lo cual se consigue condicionando los e.d.a. incompatibles a variables auxiliares distintas.

Estas variables deben colocarse en los intervalos que separan a los citados e.d.a. incompatibles.

El número de variables auxiliares y el lugar del grafo donde deben ser introducidas se determina prácticamente trazando el número mínimo de líneas verticales que pasando por alguna v.d.a., intercepten la totalidad de los enlaces de los e.d.a. incompatibles. Así, en el grafo presente bastará la línea vertical X que pasa por la variable de acción F4 para interceptar todos los enlaces de un intervalo, y la línea X que pasa por la v.d.a. F1 para interceptar el intervalo de vuelta. Obsérvese en el grafo como los e.d.a. 2 y 3 quedan bajo el dominio de X en tanto que sus incompatibles están bajo el dominio de X. Por tanto, si condicionamos la operatividad de dos e.d.a. idénticos incompatibles a la existencia o dominio de dos variables distintas (X y X) desaparece la incompatibilidad, pues, evidentemente, al incorporarse a dos e.d.a. idénticos una variable distinta se obtienen dos nuevos estados diferentes entre sí.

Una vez introducidas las variables auxiliares, el paso siguiente y último es la obtención de las ecuaciones lógicas.

Obtención de las ecuaciones lógicas

Se aplican los teoremas binodales, teniendo en cuenta la siguiente regla:

" Si el dominio de una variable directiva es menor que el de la situación por ella activada, o lo que es lo mismo, si en el dominio de una variable directiva no aparece la situación antagónica de la situación activada por la citada variable, es suficiente para el gobierno de la situación la propia variable directiva, es decir, no hace falta tomar, al hallar la ecuación de la situación, ninguna variable más, ni auxiliar ni de entrada "

En caso contrario, sí es necesaria la intersección con otra u otras variables auxiliares o, de entrada, para tener un dominio menor que el de la situación activada.

Apliquemos la regla para la obtención de las ecuaciones lógicas de los binodos del grafo

de secuencia anterior.

Ecuación del binodo auxiliar (X, $\overline{X}$)

Los dominios de las variables directivas F4 y F1 son menores que los de las situaciones X y $\overline{X}$ creadas por ellas, respectivamente. No serán necesarias otras variables.

$$X = (X + F4) \cdot \overline{F1}$$

Ecuación del binodo (R1, $\overline{R1}$)

La variable directiva de la situación R1 es la booleana M · F1 cuyo dominio es menor que el de la situación $\overline{R1}$. La variable directiva de la situación $\overline{R1}$ es F2 cuyo dominio es menor que el de $\overline{R1}$; por tanto, su ecuación lógica será:

$$R1 = (R1 + M \cdot F1) \cdot \overline{F2}$$

Ecuación del binodo (R2, $\overline{R2}$)

La variable directiva de la situación R2 es F3 · $\overline{R4}$, cuyo dominio es mayor que el de R2; por tanto F3 · $\overline{R4}$ no es suficiente para el gobierno de R2, porque dentro de su dominio aparecerá la situación antagónica $\overline{R2}$ dando lugar a una indeterminación. Por esta razón es necesario reducir el dominio de F3 · $\overline{R4}$ lo que se consigue interceptándole con el dominio de la auxiliar X, resultando F3 · $\overline{R4}$ · X; esta intersección ya tiene un dominio menor que R2. Así pues, la citada intersección F3 · $\overline{R4}$ · X será la v.d.a. definitiva creadora de la situación R2.

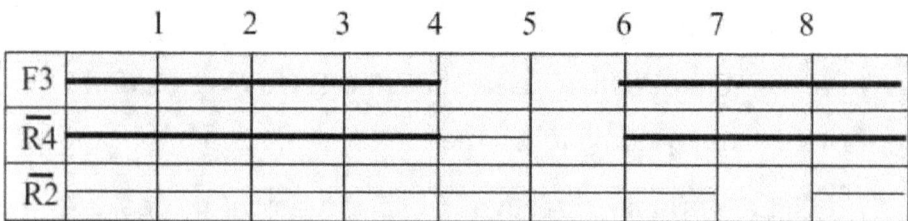

Utilizando la variable auxiliar X, se consigue reducir el dominio, no apareciendo ya la situación antagónica de R2 (es decir no apareciendo R2), tal como se puede apreciar en la tabla siguiente.

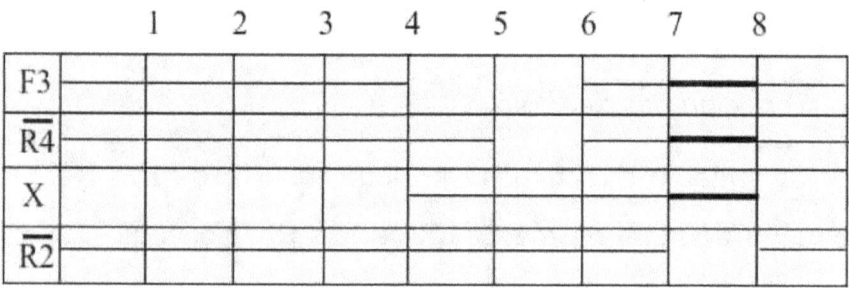

La variable directiva de la situación $\overline{R2}$ es F1, cuyo dominio es menor que el de R2; por tanto, es suficiente F1 como v.d.a. definitiva.

$$R2 = (R2 + F3 \cdot \overline{R4} \cdot X) \cdot \overline{F1}$$

Cuando la variable directiva crea a su vez una variable auxiliar ($\overline{X}$), puede utilizarse ésta en lugar de la directiva, siempre que la intersección resultante siga siendo de menor dominio que la situación. Este caso se da en el problema presente y su utilización puede reportar alguna simplificación, como ocurre aquí:

$$R2 = (R2 + F3 \cdot \overline{R4} \cdot X) \cdot X = (R2 + F3 \cdot \overline{R4}) \cdot X$$

Aplicando las mismas reglas a los restantes binodos se obtienen las siguientes ecuaciones.

$$R3 = (R3 + F2 \cdot \overline{R1} \cdot \overline{X}) \cdot X = (R3 + F2 \cdot \overline{R1}) \cdot X$$

Nota: Todos los factores parciales de los términos de una función "O" pueden suprimirse si también figuran en la misma ecuación como factores generales. Para comprobarlo, basta efectuar el producto, simplificar y sacar nuevamente factores comunes.

$$R4 = (R4 + F4 \cdot \overline{R3}) \cdot \overline{F3}$$

Estados inoperantes o transitorios

Cuando en un sistema secuencial una o más variables tienen carácter aleatorio, es decir si el instante de aparición de dichas variables no está totalmente determinado, pueden aparecer en los intervalos existentes entre e.d.a. operativos, unos estados transitorios que, aunque deben ser inoperantes porque no se les ha asignado efecto alguno, pueden ser idénticos e incompatibles con otros e.d.a. operativos. La existencia de un estado transitorio en un instante dado de la secuencia haría actuar el e.d.a. operativo idéntico correspondiente a otro momento secuencial distinto, produciendo un salto de secuencia no deseado. En estos casos es necesario discriminar el e.d.a. operativo respecto al transitorio idéntico, bien mediante una variable auxiliar o bien a través de su condicionamiento a situaciones binodales si ello fuera posible. Los estados transitorios se escriben, en el grafo de secuencia, debajo de la situación binodal correspondiente al momento secuencial en que aparecen. Los estados transitorios, por ser inoperantes, son siempre compatibles entre sí. también son compatibles con los dos e.d.a. operativos adyacentes, puesto que en la identidad de un transitorio con el e.d.a. operativo adyacente anterior no haría más que confirmar el efecto de éste; y si la identidad es con el e.d.a. operativo adyacente posterior significaría que ya se había llegado a él, es decir, no sería realmente un transitorio.

Para detectar si en el intervalo entre dos e.d.a. operativos consecutivos puede aparecer algún estado transitorio, se observa si en dicho intervalo puede cambiar de nivel alguna variable.

Para ello hay que tener en cuenta, además del enunciado y exigencias del programa, el comportamiento de las variables.

Al escribir el grafo de secuencia se asignará el signo de indeterminación (*) a aquellas variables que tengan este carácter.

A las variables que no cambien de nivel se les asignará el nivel lógico que mantienen en el intervalo, que evidentemente es el que figura en el e.d.a. de entrada a dicho intervalo.

Supongamos que, en el grafo parcial de la figura, la variable de entrada "a" es aleatoria.

Se observa que la aparición del transitorio (2') podría hacer actuar el e.d.a. operativo (1), que puede ser idéntico, en un momento no deseado; por tanto, es necesario discriminar el e.d.a. operativo (1) respecto al transitorio (2').

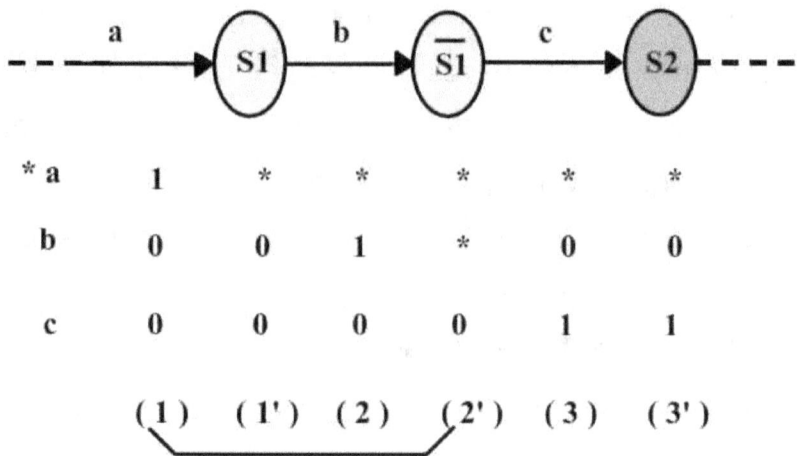

También aparecen transitorios cuando la variable directiva de alguna situación binodal contiene más de una variable exterior independiente, dado que no es posible físicamente que dos o más variables independientes lleguen al mismo tiempo; la diferencia podría ser despreciable y no provocar problemas, pero lo más probable en la práctica, es que la duración del transitorio sea superior al tiempo de respuesta de los elementos del sistema.

El grafo de la figura siguiente posee dos transitorios de este tipo.

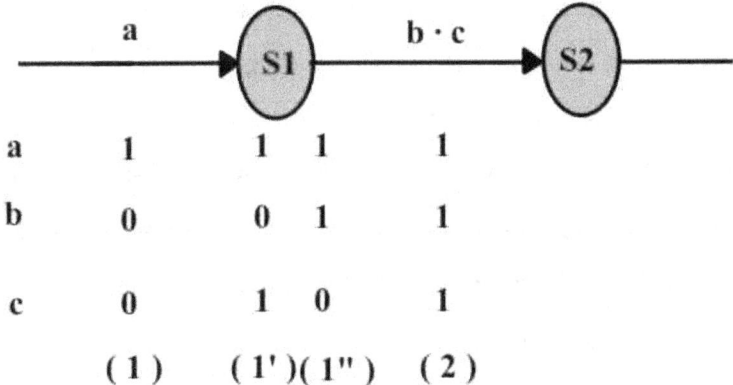

El e.d.a. (2) se forma a la llegada de b y c, pero como estas variables no pueden llegar al mismo tiempo aparecerá alguno de los transitorios (1') o (1"), según sea c o b que llegue antes.

Ejercicio. Sistema de alarma

Un sensor vigila la temperatura de una máquina. Cuando, por causa de una avería, la temperatura llega a un cierto valor preestablecido, el sensor envía una señal S. Tanto si la avería es momentánea como si es persistente, se debe poner en funcionamiento un avisador acústico A y encenderse una lámpara roja L. Recibida la señal de alarma, el operario debe accionar un pulsador P, y pueden ocurrir dos casos:

a.- Si la avería sólo fue momentánea, el impulso P hace que se apague la lámpara L y también deje de funcionar el avisador acústico.

b.- Si la avería persiste, el impulso P desconecta el avisador acústico A, pero la lámpara L seguirá encendida hasta que desaparezca la avería, en cuyo momento se apaga.

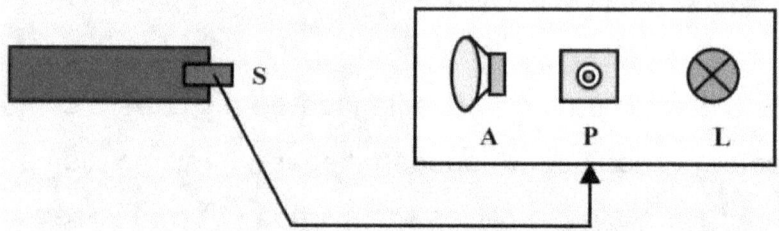

En este automatismo la v.d.a. "S" es aleatoria; por tanto, habrá que tener en cuenta los estados transitorios.

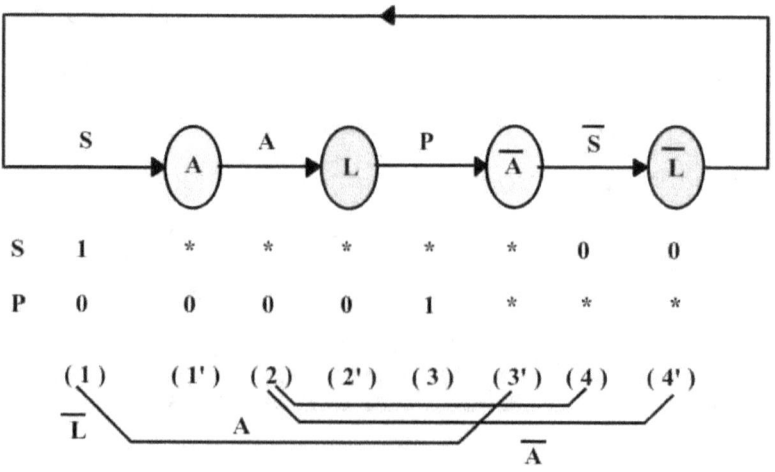

Aunque el e.d.a. (1) es incompatible con el transitorio (3') no es necesario introducir variables auxiliares porque (1) está bajo el dominio de $\overline{L}$, mientras que (3') lo está en el dominio de L. Por tanto, la situación binodal $\overline{L}$ será el condicionante discriminatorio del e.d.a. (1) respecto al transitorio (3').

El e.d.a. (2) es incompatible con el (4) y el (4'), pero está bajo el dominio de situaciones distintas (A y $\overline{A}$) que servirán para discriminarlos. Por tanto, las ecuaciones lógicas serán:

$$A = (A + S \cdot \overline{L}) \cdot \overline{P}$$

$$L = (L + A) \cdot \overline{\overline{S} \cdot \overline{A}} = L \cdot S + A$$

Diseño binodal de automatismos secuenciales gobernados por los cambios de nivel (flancos) en sus entradas

Vamos a estudiar el diseño binodal de automatismos secuenciales gobernados por los flancos en sus entradas, mediante un ejemplo práctico.

Ejercicio

Se desea diseñar un automatismo de forma que cada vez que se actúe sobre un pulsador P se encienda una bombilla B si estaba apagada, o se apague si estaba encendida.

a) Solución mediante variable P diferenciada

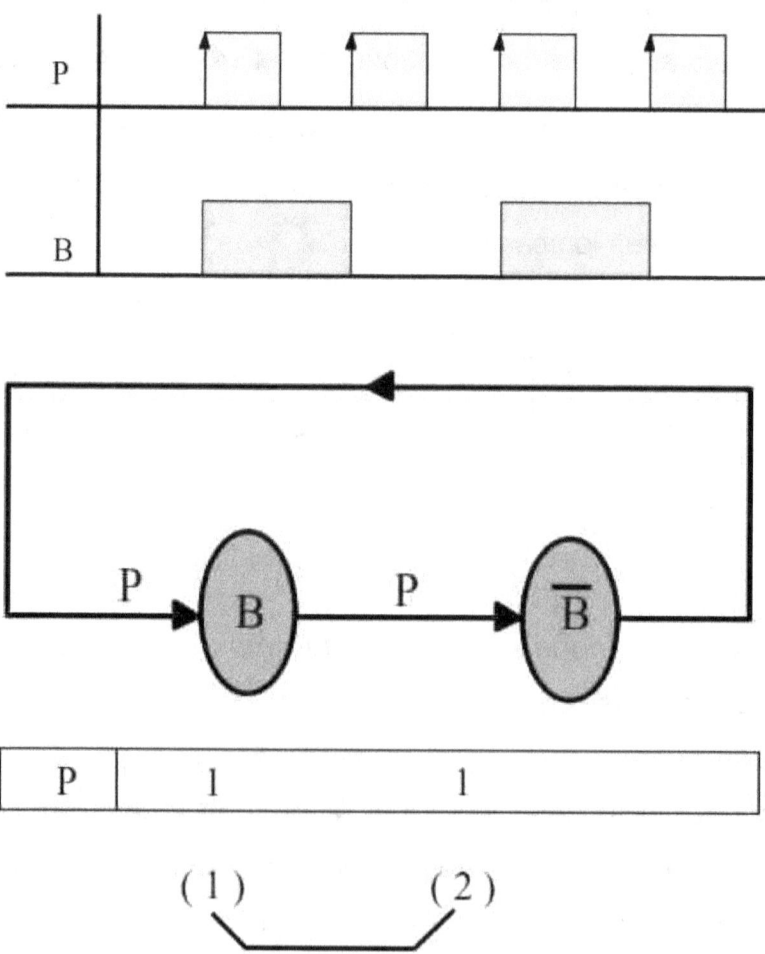

(1) y (2) son incompatibles porque dan lugar a situaciones antagónicas. Si intentamos introducir entre ellos variables auxiliares para diferenciarlos, vemos que no se puede, ya que no hay estados intermedios. Podríamos condicionar la creación de B a $\overline{B} \cdot P$; y la creación de $\overline{B}$ a B · P, pero haciéndolo de esta forma van a surgir problemas. Veamos:

$$B = (B + \overline{B} \cdot P) \cdot \overline{\overline{B} \cdot P} = (B + \overline{B} \cdot P)(\overline{B} + \overline{P}) = B \cdot \overline{P} + \overline{B} \cdot P = B \oplus P$$

Si P = 1 con B = 0 → B = 1, pero si soltamos el pulsador P = 1 con B = 1 → B = 0 y así sucesivamente, es decir, se producen oscilaciones. El único caso en que funcionaría sería si al mismo tiempo que B = 1, P pasase a 0, es decir, que la pulsación de P fuese muy corta. La forma de conseguir esto es que P actúe de forma diferenciada. Un sencillo diferenciador sería:

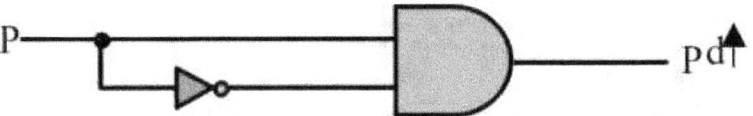

La duración del impulso se puede aumentar añadiendo más inversores, con la condición de que el total sea un número impar.

Esta forma de materialización es insegura desde el punto de vista hardware. Requiere verificar experimentalmente la anchura de Pd↑ más adecuada ya que con un sólo inversor en TTL resulta un impulso ≈ 10 ns, siendo algo justo para conmutar B.

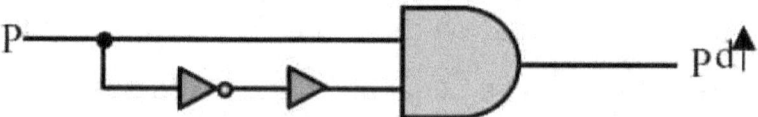

Con 3 inversores el impulso sería
de unos 30ns pudiendo dar lugar a veces a 2 conmutaciones sucesivas. Una solución intermedia podría ser añadir un buffer no inversor a continuación del inversor.

$$B = (B + \overline{B} \cdot Pd\!\uparrow) \cdot \overline{\overline{B} \cdot Pd\!\uparrow} = B \cdot \overline{Pd\!\uparrow} + \overline{B} \cdot Pd\!\uparrow = B \oplus Pd\!\uparrow$$

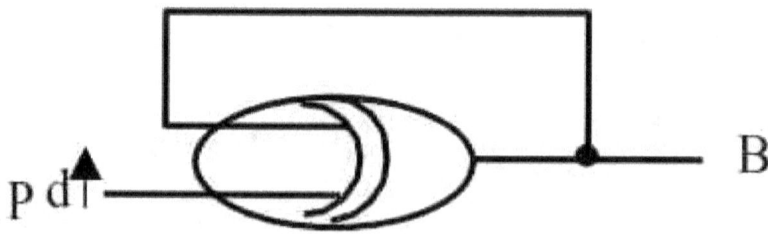

Este montaje no es recomendable por ser muy difícil encontrar un impulso de duración adecuada.

b) Solución actuando P por flanco explícito

Cuando aparecen 2 e.d.a. incompatibles consecutivos, la solución más segura es por flancos. El grafo sería:

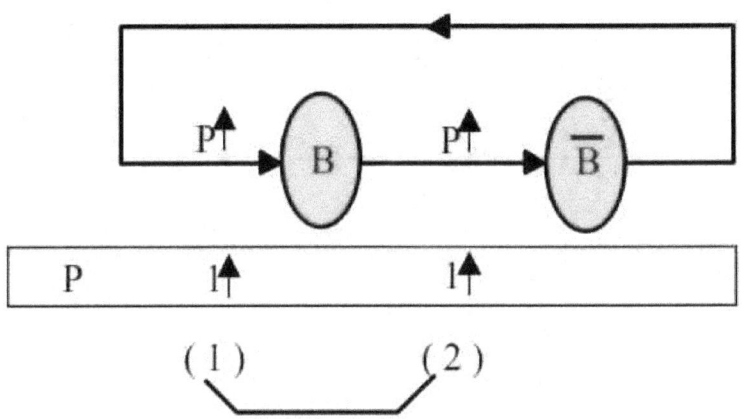

Sin embargo, aun actuando por flanco los estados siguen siendo iguales e incompatibles (dan lugar a situaciones antagónicas) ya que ambas situaciones son activadas por la misma variable directiva P↑. Para distinguir los estados, los condicionaremos a la situación anterior, es decir B se creará si estando presente $\overline{B}$ llega P ↑ ; y $\overline{B}$ se creará si estando presente B llega P↑.

$$ B = (B + \overline{B} \cdot P{\uparrow}) \cdot \overline{\overline{B} \cdot P{\uparrow}} $$

c) Solución actuando P por flanco implícito

En este caso se realiza la detección del flanco a través de un binodo auxiliar X - $\overline{X}$.

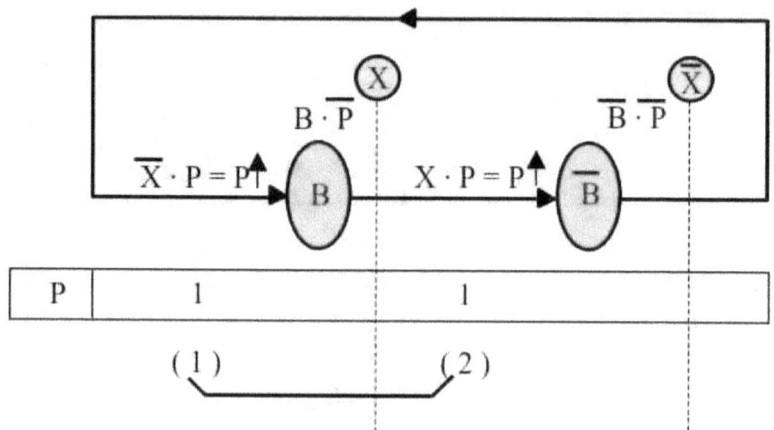

(X) será creada por la situación anterior condicionada al reposo de P ($\overline{P}$) y será borrada ($\overline{X}$) por la situación anterior ($\overline{B}$) condicionada también al reposo de P.

$$X = (X + B \cdot \overline{P}) \cdot \overline{\overline{B} \cdot \overline{P}}$$

La situación principal (B) será creada por ($\overline{X}$) condicionada a la llegada de P y será borrada ($\overline{B}$) por X condicionada también a la llegada de P.

$$B = (B + \overline{X} \cdot P) \cdot \overline{X \cdot P}$$

Regla Práctica

Cuando dos e.d.a. incompatibles sean consecutivos, la variable auxiliar discriminatoria de cada e.d.a. será creada y negada por el producto lógico de la situación binodal precedente con el complemento de la variable directiva del e.d.a. considerado En el caso, poco probable de que la intersección citada tuviera un dominio mayor que la variable auxiliar creada, se reducirá este dominio interceptándolo con otras variables, tal como se ha venido haciendo en la determinación de las v.d.a. definitivas.

Diseño binodal de automatismos secuenciales con temporizador

Introducción

En este punto se va a tratar el fenómeno de la temporización y su aplicación a los automatismos secuenciales. Para ello se va a hacer un resumen de los diversos tipos de temporización y la forma de plasmarlo en los grafos de secuencia resolutivos del problema secuencial. Un punto importante a tener en cuenta, que va parejo al problema de la temporización, es la detección de posibles estructuras monodales que con apariencia de binodos se encuentran en los grafos de secuencia. Este problema surge como consecuencia de temporizar el efecto de alguna variable, ya que, con ello, se alarga, se recorta o desplaza, en el dominio del tiempo, el efecto de la misma, provocando usualmente una variación del dominio de la variable, lo cual debe ser tenido en cuenta. Por último, se va a tratar el diferenciador. Dicho dispositivo va a permitir, en determinadas ocasiones, evitar la utilización de variables auxiliares. Como consecuencia de ello el número de binodos auxiliares disminuirá y, por tanto, el número de ecuaciones lógicas

Tipos de temporización

Los temporizadores son dispositivos que se colocan entre la señal que se desea temporizar y el receptor que tiene que recibir su acción, para retardar su activación, su desactivación, o las dos cosas sucesivamente. El diagrama de bloques de un temporizador es el mostrado en la siguiente figura:

Se distinguen tres tipos de temporizadores elementales:

Temporización en la activación A^{ta}

Es aquel que al activarse la señal de entrada A, tarda un tiempo "t" en transmitirla a la salida.

Temporización en la desactivación A^{td}

Es aquel que recibe la señal de entrada A y la transmite inmediatamente al receptor, pero cuando desaparece A, el temporizador sigue suministrando, durante un tiempo "t", una señal equivalente a la entrada A, ya desaparecida.

Temporización en la activación y en la desactivación A^{tad}

Es el que realiza sucesivamente las dos temporizaciones indicadas anteriormente.

Los tres tipos de temporización están representados gráficamente en la siguiente figura:

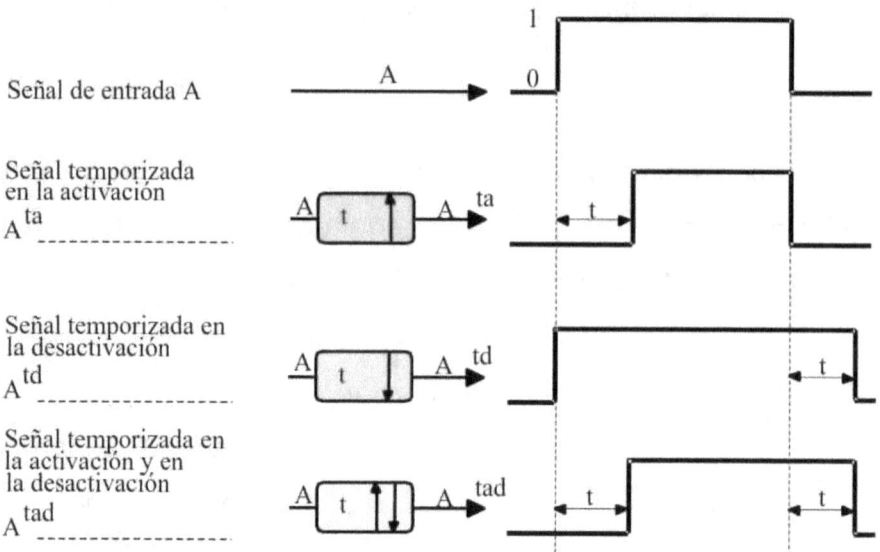

A partir de estas tres temporizaciones básicas estudiadas se pueden obtener otros tipos de temporizaciones, que podríamos llamar secundarias, simplemente invirtiendo las entradas o las salidas de los temporizadores estudiados. Con estos nuevos tipos de temporización se abre un amplio abanico de posibilidades a la hora de utilizar los temporizadores. También es útil, el presente estudio, para que a partir de un sólo tipo de temporizador comercial se pueda obtener cualquier tipo de temporización, según nos interese. Así pues, vamos a distinguir dos tipos de temporizaciones secundarias:

A.- Inversión a la salida del temporizador básico

B.- Inversión a la entrada del temporizador básico

A.- Inversión a la salida

Se obtienen las temporizaciones siguientes:

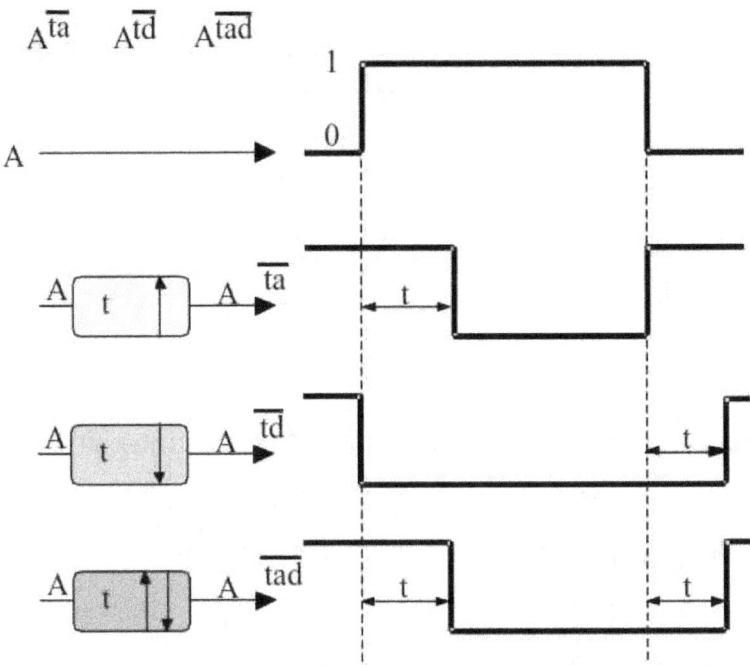

B.- Inversión a la entrada

Si la señal sufre una inversión a la entrada del temporizador, se obtienen las temporizaciones siguientes:

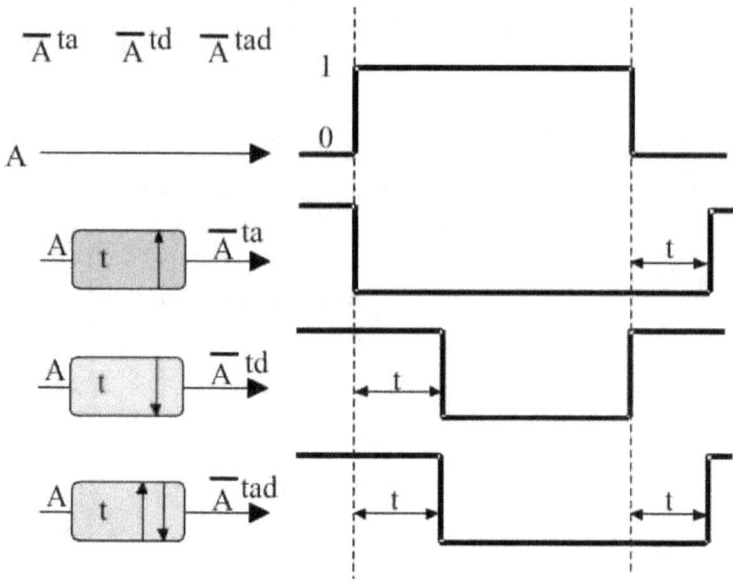

Observando detenidamente las figuras anteriores se obtienen tres igualdades de gran importancia, las cuales permiten obtener todas las funciones de tiempo, utilizando un sólo tipo de unidad temporizadora, asociada a las unidades inversoras que sean necesarias.

$$A^{ta} = {}_A t^d$$

$$A^{\overline{td}} = \overline{A}^{ta}$$

$$A^{\overline{tad}} = \overline{A}^{tad}$$

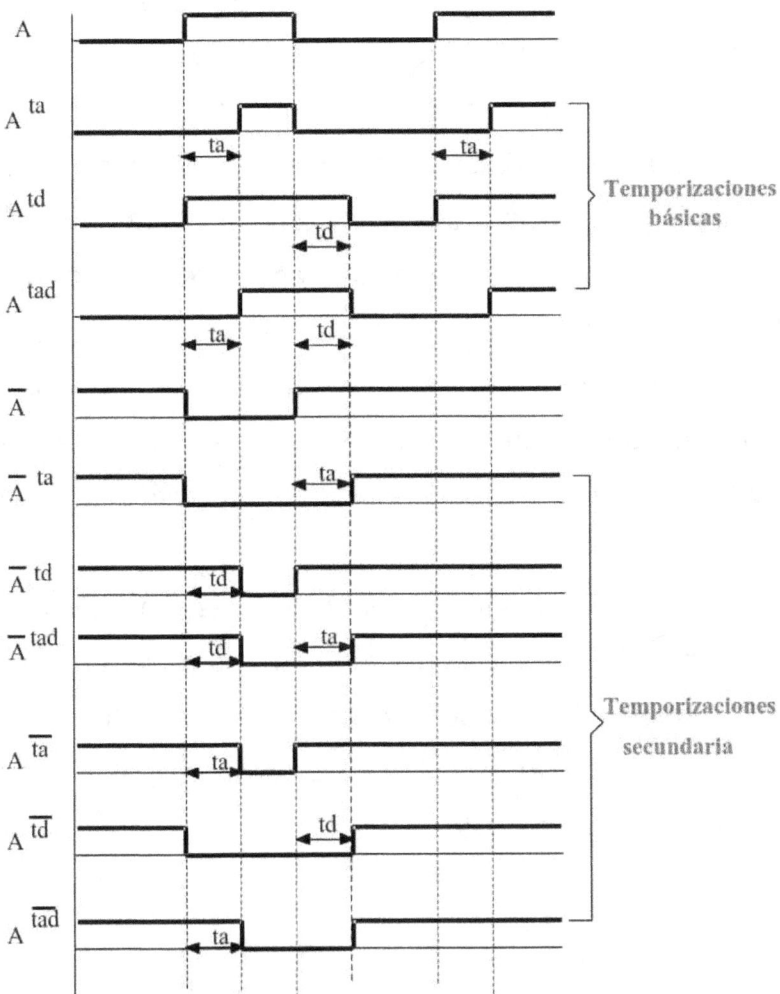

Detección de monodos con apariencia de binodos

Cuando en un automatismo se temporiza el efecto de alguna de sus variables, los dominios de éstas, se ven modificados en mayor o menor medida. Como consecuencia de esta modificación, del dominio de algunas variables, puede ocurrir que ciertas estructuras con apariencia de binodos en el grafo de secuencia, se comporten como verdaderas estructuras monodales (monodos). La detección de estas estructuras monodales se traduce en una mayor simplificación de la ecuación lógica resultante del falso monodo. Para detectar estas estructuras monodales existen dos reglas prácticas. Estas reglas son de aplicación inmediata una vez que se ha realizado el grafo de secuencia del automatismo.

REGLA 1.- Dos situaciones binodales antagónicas constituyen un "monodo restringido", es decir, carente de variable de borrado, cuando el dominio de la variable "C" creadora de la situación principal "P", es igual al dominio de ésta.

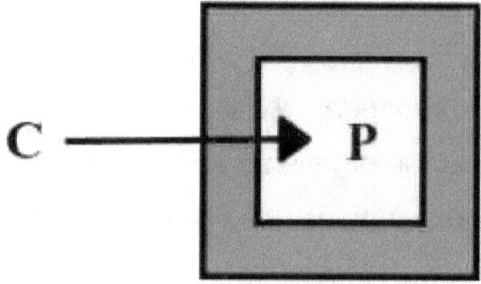

REGLA 2.- Dos situaciones binodales antagónicas constituyen un "monodo generalizado" cuando sus variables directivas sean diferentes y además la variable "C" creadora de la situación principal "P", se mantenga en todo el dominio de la situación o le sobrepase, pero no sobrepase el dominio de variable de borrado "B" (en el caso de que el dominio de "C" penetre en el dominio de "B").

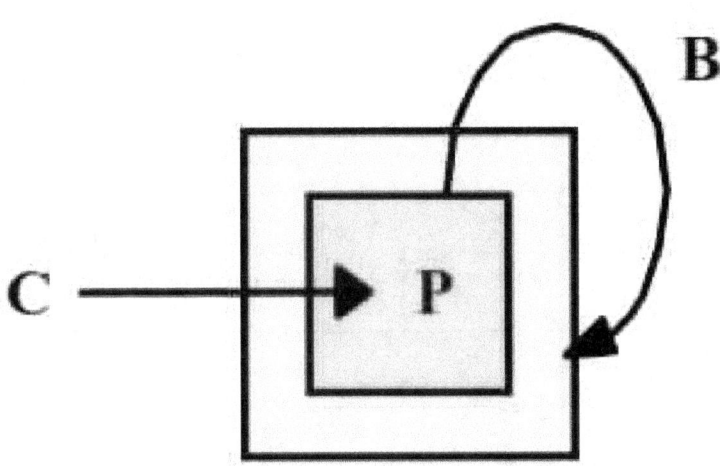

Ejercicio 1

Un equipo de soldadura oxiacetilénica lleva una electroválvula A para la vía del acetileno y otra Ox para la vía del oxígeno.

Programa:

a) Un impulso en un pulsador de marcha M excita la electroválvula A y a los 3 segundos de existir A se excita Ox.

b) Un impulso en un pulsador de parada P desexcita A y seguidamente se desexcita Ox.

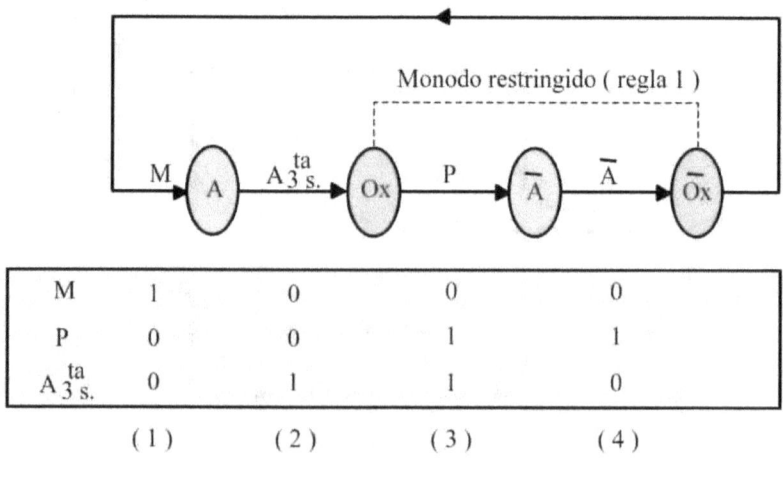

$$A = (A + M) \cdot \overline{P}$$

$$Ox = A_3{}^{ta}{}_{s.}$$

Ejercicio 2

Diseñar un circuito para el gobierno de dos electroimanes A y B, con el siguiente programa de trabajo.

a) Un impulso eléctrico dado por el pulsador de puesta en marcha M activa al electroimán A y a los 5 segundos siguientes se activa B.

b) Un impulso eléctrico del pulsador de parada P desactiva al electroimán B y a los 8 segundos siguientes se desactiva A.

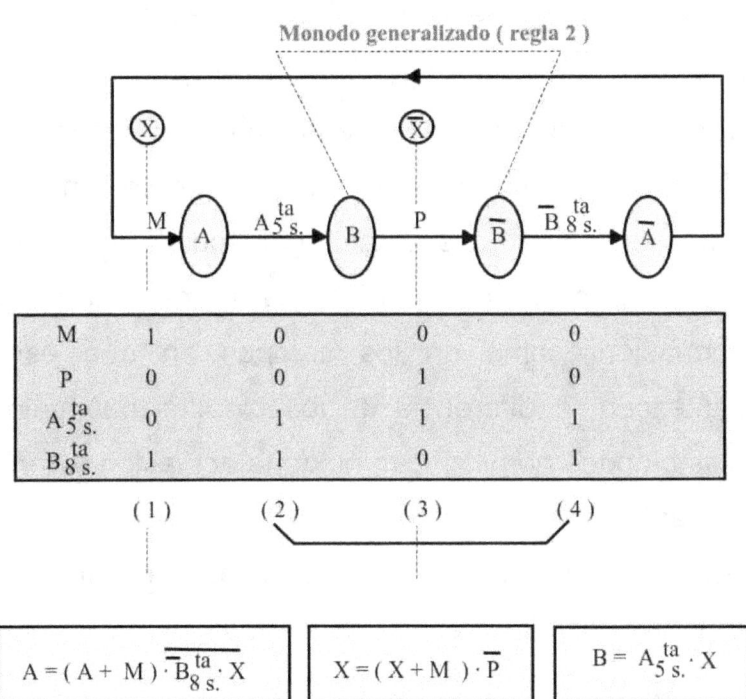

Automatismos con binodos de apoyo

Son numerosos los automatismos que precisan, para su correcto funcionamiento, la actuación secuencial de una serie de acontecimientos con un orden y duración predeterminados. Pensemos, por ejemplo, en cajeros automáticos, alarmas, puertas de seguridad, etc. Sólo después de que la secuencia establecida en la actuación de los captadores de información sea la correcta, el automatismo estará en situación de variar el nivel de alguna de sus salidas.

Esto se puede conseguir mediante la introducción de los "Binodos de apoyo" Así, pues, los binodos de apoyo son una herramienta auxiliar que nos va a permitir que determinados automatismos respondan sólo a una (o varias) secuencias predeterminadas. Dicha secuencia va a estar regida por la limitación, tanto en el orden de aparición de los captadores de información, como en los tiempos en que estos acontezcan. A diferencia de los binodos habituales, estos binodos no producen ninguna actuación externa del automatismo, sino que sólo sirven para" memorizar" determinadas secuencias de actuación. Por tanto, con ellos se dota de cierta inteligencia a los automatismos, ya que la secuencia puede bifurcarse por distintos caminos dentro del grafo de secuencia.

También son diferentes a los binodos auxiliares introducidos en los grafos de secuencia, ya que estos binodos auxiliares se introducen después de realizado el grafo de secuencia. Por tanto, al realizar el grafo de secuencia, introduciremos dichos binodos de apoyo siempre que se produzca una acción de entrada que sea condición del programa, pero que no produzca de inmediato un cambio en ninguna salida.

Ejemplo:

Queremos que un actuador Z se active si y sólo si los tres captadores de información A, B y C llegan de forma secuencial en el siguiente orden: primero A, luego B y luego C.

El grafo de secuencia quedaría de la siguiente forma:

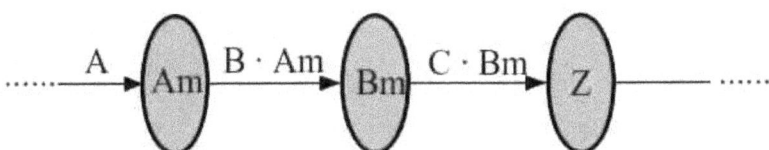

En dicho grafo de secuencia Am y Bm memorizan las llegadas de A y B respectivamente, si previamente se ha memorizado A.

Sólo queda decir que la obtención de la ecuación lógica de un binodo de apoyo se realiza de forma análoga a los binodos normales, aplicando los teoremas de la teoría binodal.

Tema 6
Autómata programable Festo FPC 404

Operandos de los FPC de Festo

El software FST permite que los programas se escriban utilizando indistintamente operandos absolutos (p.ej. T1 es el operando absoluto del Temporizador número 1) o bien operandos simbólicos (p.ej.: MOTOR puede ser asignado a la salida 1.6). Para obtener un mayor grado de claridad, en este documento se utilizarán solamente operandos absolutos. Antes de empezar a utilizar el lenguaje AWL es necesario familiarizarse con los diferentes operandos de los controles FPC y como se direccionan utilizando este lenguaje. Dependiendo del modelo de control, puede haber diferencias en el tipo y alcance de los operandos disponibles.

Operandos monobit y multibit

Debe distinguirse entre los operandos Monobit y Multibit. Los Operandos Monobit (SBO) (Single Bit Operand) pueden evaluarse como cierto / falso en la parte condicional de una frase del programa y pueden Activarse / Desactivarse (Set / Reset) en la parte ejecutiva del programa. Durante las operaciones de interrogación y carga, los SBO son almacenados en el Acumulador Monobit (SBA) (Single Bit Accumulator) de la CPU. Los operandos Multibit (MBO) (Multi Bit Operand) pueden compararse con otros operandos multibit (<, >, =, etc.) (rango 0-255, 0-65535, +/- 32767 etc.) en la parte condicional de la frase. En la parte de ejecución de la frase de un programa, los operandos multibit pueden ser cargados con valores, decrementados e incrementados o manipulados por medio de un amplio conjunto de operadores aritméticos y lógicos. Durante su interrogación y operaciones de carga, los MBOs son cargados en el Acumulador Multibit (MBA) de la CPU.

Operandos Monobit

La siguiente tabla proporciona información general sobre los operandos Monobit, cómo se abrevian en el lenguaje AWL, así como un breve ejemplo.

La columna indica si el ejemplo respectivo es válido para la parte Condicional (c) o Ejecutiva (e) de una frase del programa.

Operando	AWL Forma	Sintaxis	Parte	Ejemplo típico
Entrada	I	In.n	c	IF I 2.0
Input				
Salida	O	On.n	c	IF O 2.6
Output	O	On.n	e	SET O 2.3
Marca	F	Fn.n	c	IF F 7.15
Flag	F	Fn.n	e	RESET F 9.3
Contador	C	Cn	c	IF C 3
Counter	C	Cn	e	SET C 5
Temporizador	T	Tn	c	IF T 7
Timer	T	Tn	e	SET T 4
Programa	P	Pn	c	* IF P2
Program	P	Pn	e	* SET P3
Procesador	Y	Yn	c	* IF Y2
Processor	Y	Yn	e	* RESET Y1
Error Status	E	E	c	* IF E

NOTA: Los operandos marcados con (*) pueden diferir o no estar disponibles en todos los modelos de FPC.

Operandos Multibit

La siguiente tabla proporciona información general sobre los operandos Multibit, cómo se abrevian en el lenguaje AWL, así como un breve ejemplo.

La columna indica si el ejemplo respectivo es válido para la parte Condicional (c) o Ejecutiva (e) de una frase del programa.

Operando	AWL Forma	Sintaxis	Parte	Ejemplo típico
Palabra de Entradas Input Word	IW	IWn	c	IF (IW3 = V 255)
Palabra de Salidas Output Word	OW OW	OWn OWn	c e	IF (OW2 = V 80) LOAD V 128 TO OW3
Palabra de Marcas Flag Word	FW FW	FWn FWn	c e	IF (FW3 = V 220) LOAD V 2100 TO FW1
Unidad Funcional Function Unit	FU FU	FUn FUn	c e	IF (FU32 = V16) LOAD FU34 TO R60
Pal. deTemporizador Timer Word	TW TW	TWn TWn	c e	IF (TW2 < V 2000) LOAD V1345 TO TW6
Preselec de Tempor. Timer Preselect	TP TP	TPn TPn	c e	IF (TP0 < V20) * THEN LOAD V50 TO TP4
Palabra deContador Counter Word	CW CW	CWn CWn	c e	IF (CW 3 <> V20) THEN INC CW 5
Presel. de Contador Counter Preselect	CP CP	CPn CPn	c e	IF (CP3 = V 555) LOAD V67 TO CP5
Registro register	R R	Rn Rn	c e	IF (R 60 = V 21113) LOAD (R53 + R 45) TO R 32

NOTA: Los operandos marcados con (*) pueden diferir o no estar disponibles en todos los modelos de FPC.

Operandos Locales y Globales

Algunos modelos de FPC permiten varias CPUs dentro del mismo sistema.

Cuando se construyen tales sistemas, algunos operandos se designan como locales mientras que otros se definen como globales.

Operandos Globales

Los operandos globales son partes de un sistema al que puede accederse desde cualquier CPU. Ejemplos típicos de elementos globales incluyen Entradas, Salidas y Marcas.

Para que sea posible este acceso global, los operandos globales deben ser únicos en su designación convencional.

Operandos Locales

Los operandos locales son parte de un sistema al cual sólo puede accederse por medio de programas en una determinada CPU. Generalmente estos operandos residen en la CPU local y no tienen nombres globales únicos. Si el modelo de FPC utilizado no permite la inclusión de un número de CPU o número de módulo cuando se referencia un operando, entonces el operando es clasificado típicamente como de uso local.

Por ejemplo, en un sistema que contenga múltiples CPUs, cada CPU puede tener 32 Temporizadores que son referenciados como T0 - T 31 en los programas AWL.

Así que podemos tener un programa funcionando en la CPU 0 que se refiera al temporizador 6 (T6) y al mismo tiempo un programa en la CPU 1 que también se refiera al temporizador 6 como T6.

En esta situación, nuestro sistema contiene actualmente dos (2) temporizadores totalmente independientes, ambos referenciados como T6... uno en cada CPU.

A pesar de que se debería consultar el manual del modelo de FPC utilizado, se considera que los siguientes operandos son generalmente locales:

* Registros
* Temporizadores
* Contadores
* Unidades Funcionales
* Programas
* Procesadores

Operadores
El lenguaje AWL utiliza los siguientes operadores y notaciones en la construcción de frases.

Símbolo	Propósito
N	NOT (negación
V	VALUE asignación para operandos multibit (decimal)
V S	VALUE asignación para operandos multibit (hexadecimal)
V %	VALUE asignación para operandos multibit (binario)
+	Suma de operandos multibit y constantes
-	Resta de operandos multibit y constantes
*	Multiplicación de operandos multibit y constantes
/	División de operandos multibit y constantes
<	Comparación multibit....Menor que
>	Comparación multibit....Mayor que
=	Comparación multibit....Igual a
<>	Comparación multibit....Diferente de
<=	Comparación multibit....Menor o igual a
>=	Comparación multibit....Mayor o igual a

Estructura de programación AWL

El lenguaje de programación AWL (lista de instrucciones) permite al programador resolver tareas de control utilizando simples instrucciones en inglés para describir las operaciones que se desea que haga el control.

Los programas en lista de instrucciones se construyen utilizando varios elementos importantes. No se requieren todos los elementos disponibles, y la forma en que son combinados los elementos influye notablemente en el comportamiento del programa.

Jerarquía de los elementos AWL

- · Programa
- · Paso
- · Frase
- · Parte condicional
- · Parte ejecutiva

Instrucción STEP (Paso)

A pesar de que la instrucción STEP (Paso) es opcional, muchos de los programas AWL utilizan la instrucción STEP. Esta instrucción se utiliza para marcar el inicio de un bloque lógico de programa.

Cada programa AWL puede contener hasta 255 STEPs (Pasos) y cada Paso puede contener una o más Frases. A cada Paso se le puede asignar un nombre o "etiqueta" opcional. Una Etiqueta de Paso solamente se requiere si el Paso correspondiente debe ser posteriormente nombrado como el destino de una instrucción de salto.

Frases

La Frase forma el nivel más elemental de la organización de un programa. Cada Frase consta de una Parte Condicional y de una Parte Ejecutiva.

La Parte Condicional sirve para indicar una o más condiciones que son evaluadas durante el funcionamiento por su condición de ciertas o falsas. La Parte Condicional siempre empieza con la palabra clave IF y sigue con una o más instrucciones que describen las condiciones a evaluar. Si las condiciones programadas son evaluadas como ciertas, entonces serán ejecutadas todas las instrucciones programadas en la parte ejecutiva de la frase. El inicio de la parte ejecutiva se indica con la palabra clave THEN.

Frases típicas

A continuación, se presenta un ejemplo típico de frases sencillas en AWL sin la utilización de la instrucción STEP.

IF			I 1.0	Si entrada 1.0 activa
THEN	SET		O 1.2	entonces activa la salida 1.2
IF		N	I 2.0	Si entrada 2.0 NO está activa
THEN	SET		O 2.3	entonces activar la salida 2.3
IF			I 6.0	Si entrada 6.0 está activa y
	AND	N	I 2.1	entrada 2.1 no está activa y
	AND		O 3.1	salida 3.1 está activa
THEN	RESET		O 2.1	entonces desactiva salida 2.1
	RESET		T 6	y desactiva Timer 6

En la última frase del ejemplo, se ha introducido el concepto de condiciones compuestas.

Esto significa que todas las condiciones citadas en la frase deben ser ciertas para que se ejecuten las acciones que siguen a la palabra clave THEN.

IF			I 3.2	Si entrada 3.2 activa
	OR	N	T6	o Timer 6 no está activo
THEN	INC		CW1	entonces incrementa Counter 1 y
	SET		T4	arranca Timer 4 con los parámetros existentes

Este ejemplo muestra la utilización de una estructura en OR dentro de la parte condicional de una frase. Esto significa que la frase será evaluada como cierta (y por tanto se incrementará el Contador 1 y se activará el Temporizador 4) si una o ambas de las condiciones indicadas son ciertas. La siguiente frase introduce la utilización de paréntesis entre las partes condicionales de una frase para influir en la forma en la que las condiciones son evaluadas.

IF		(I 1.1	Si entrada 1.1 activa
	OR	T 4)	o Timer 4 está funcionando
	AND	(I 1.3	y si entrada 1.3 está activa
	OR	I 1.2)	o entrada 1.2 está activa

Hemos utilizado la instrucción OR para combinar dos condiciones compuestas por medio de un operador de paréntesis. Es posible crear programas enteros que consten solamente de frases sin utilizar en ningún caso la instrucción STEP. Los programas construidos de esta forma suelen llamarse programas paralelos, y reaccionan igual que los programas escritos en diagrama de contactos. Esto significa que, sin utilizar la instrucción STEP, tales programas serían procesados una sola vez. Para que estos programas puedan procesarse continuamente, es necesario incluir la instrucción PSE.

Instrucción STEP

Los programas que no utilizan la instrucción STEP pueden procesarse de modo paralelo (scanning). A pesar de que este tipo de ejecución de programas puede ser adecuado para resolver ciertas tareas de control, el lenguaje AWL ofrece la instrucción STEP que permite que los programas sean divididos en compartimentos estancos (STEPS o PASOS), que serán ejecutados independientemente. En su forma más sencilla, un STEP incluye por lo menos una frase y toma la forma.

STEP	*(Label)*		
IF		I 1.0	Si entrada 1.0 está activa
THEN	**SET**	O 2.4	entonces activa la salida 2.4 y continua en el siguiente paso

Es importante comprender que el programa esperará en este paso hasta que las condiciones sean ciertas, en cuyo momento se ejecutarán las acciones y solamente entonces el programa seguirá procesando el siguiente paso. La etiqueta (Label) del paso es opcional y solo se requiere si el paso va a ser el destino de una instrucción de salto (JMP). Debe observarse que cuando el software FST carga un programa AWL en el control programable, asigna automáticamente una numeración relativa a cada paso del programa. Estos números de paso asignados son reproducidos en todos los listados del programa y pueden ser muy útiles en la visualización de la ejecución del programa en modo on-line a efectos de seguimiento. Los pasos de un programa pueden, por descontado, incluir varias frases:

STEP			
IF		I 2.2	Si entrada 2.2 activa
THEN	SET	O 4.4	entonces conecta salida 4.4
IF		I 1.6	Si entrada 1.6 activa
THEN	RESET	O 2.5	entonces desconecta salida 2.5
	SET	O 3.3	y conecta salida 3.3

En el ejemplo anterior, hemos introducido el concepto de varias frases en un solo paso. Cuando el programa llega a este paso, procesará la primera frase (en este caso, activando la salida 4.4 si la entrada 2.2 está activa) y a continuación se desplaza a la siguiente frase independientemente de si las condiciones de la primera frase son ciertas o falsas. Cuando la última frase de un paso (en este caso la segunda) es procesada, si la parte condicional es cierta, entonces se realiza la parte ejecutiva y el programa continua en el siguiente paso. Si la parte condicional de la última frase no es cierta, entonces el programa regresa a la primera frase del paso actual.

Reglas de ejecución

Pueden utilizarse las siguientes pautas para determinar cómo se procesan los Pasos y las Frases:

Si las Condiciones de una frase se cumplen, se ejecutarán las acciones programadas en ella.

Si las Condiciones de la última (o la única) frase dentro de un paso se cumplen, se ejecutarán las Acciones programadas y el programa seguirá en el siguiente paso. Si las Condiciones de la frase no se cumplen, entonces el programa seguirá en la siguiente frase del paso actual.

Si las Condiciones de la última (o la única) frase dentro de un paso no se cumplen, entonces el programa regresará a la primera frase del paso actual.

Nota: Cuando se construyen programas o pasos que contengan varias frases, es muy importante recordar que estas se procesarán de forma paralela (scanning); que cada vez que la parte condicional de la frase sea evaluada como cierta, se ejecutarán las instrucciones programadas en la parte ejecutiva. Esto debe ser considerado para evitar las incontroladas ejecuciones múltiples de instrucciones tales como SET TIMER o INC/DEC contador.

El lenguaje AWL no utiliza "accionamiento por flancos"... las condiciones son evaluadas cada vez que se procesan, sin tener en cuenta su anterior estado.

Esta situación se resuelve fácilmente o bien utilizando STEPs, Flags (Marcas) u otras formas de control.

La siguiente figura ilustra la estructura del proceso de un paso en AWL. Utilizando varias combinaciones de pasos conteniendo una o varias frases, el lenguaje AWL proporciona amplias facilidades para resolver tareas complejas de control.

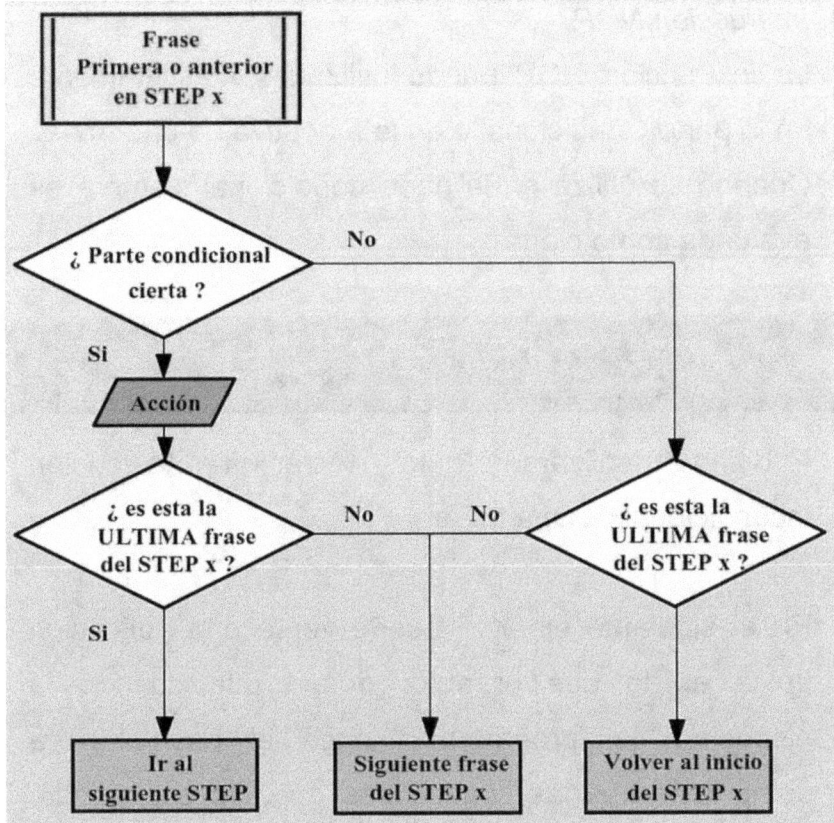

Reglas de ejecución de un STEP básico

Influencia en el flujo del programa

Adicionalmente a las estructuras de control inherentes a la instrucción STEP, se dispone de varias instrucciones AWL adicionales que pueden utilizarse para modificar los criterios de ejecución de los Pasos de programa y sus Frases.

Instrucción NOP

La instrucción NOP puede utilizarse indistintamente en la parte Condicional o en la Ejecutiva de una frase. Cuando se utiliza en la parte condicional siempre es evaluada como cierta.

IF		NOP	Siempre cierto
THEN	SET	O 1.0	así que salida 1.0 siempre se activará cuando el programa pase por aquí

Pudiendo utilizarse para forzar la ejecución incondicional de una frase.

En el siguiente ejemplo puede verse una aplicación típica en la que el autor desea que cuando la ejecución del programa alcance el paso 50 se comprueben varias condiciones que, de ser ciertas, realizarán las correspondientes acciones.

Sin embargo, independientemente de si una o todas las condiciones son ciertas, después de ser procesadas exactamente una sola vez, el programa activará la salida 3.6 y seguirá en el siguiente paso... puesto que hemos forzado la última frase a ser cierta con la instrucción NOP.

STEP 50				
IF			I 1.0	Si entrada 1.0 está activa
THEN	SET		O 2.2	entonces activar salida 2.2
IF		N	I 3.5	Si entrada 3.5 NO está activa
	AND		I 4.4	y entrada 4.4. está activa
THEN	RESET		O 1.2	entonces desconecta salida 1.2
IF			T 3	Si Timer 3 funciona
THEN	SET		F 0.0	activa Marca (Flag) 0.0
IF	NOP			De todas formas nos aseguramos que la ÚLTIMA frase siempre sea cierta
THEN	SET		O 3.6	Activa la salida 3.6, abandona este paso y procesa el siguiente

La instrucción NOP también puede utilizarse en la parte Ejecutiva de una frase. En este caso un NOP es equivalente a " no hagas nada ". Es utilizada frecuentemente cuando el programa debe esperar ciertas condiciones y seguir en el siguiente paso.

IF		I 3.2	Si entrada 2.2 activa
THEN	NOP		entonces no hagas nada y sigue en el siguiente paso

Instrucción JMP

Otra instrucción AWL que puede utilizarse para influir en el flujo de ejecución de un programa, es la instrucción JMP (salto). Esta instrucción añade la posibilidad de ramificar el lenguaje AWL. Modificando el ejemplo anterior es posible comprobar las condiciones de cada frase y, de ser ciertas, realizar la acción programada y a continuación saltar (JMP) al Paso (Step) indicado del programa. Puede verse que no solo hemos alterado el flujo del programa, sino que además hemos establecido prioridades entre las

STEP 50				
IF			I 1.0	Si entrada 1.0 está activa
THEN	SET		O 2.2	entonces activar salida 2.2
	JMP TO		70	y salta al paso (etiqueta) 70
IF		N	I 3.5	Si entrada 3.5 NO está activa
	AND		I 4.4	y entrada 4.4. está activa
THEN	RESET		O 1.2	entonces desconecta salida 1.2
	JMP TO		6	y salta al paso (etiqueta) 6
IF			T 3	Si Timer 3 funciona
THEN	SET		F 0.0	activa Marca (Flag) 0.0
IF	NOP			De todas formas nos aseguramos que la ÚLTIMA frase siempre sea cierta
THEN	SET		O 3.6	Activa la salida 3.6, abandona este paso y procesa el siguiente

frases. Por ejemplo, las frases 2, 3 y 4 solamente tienen posibilidad de ser procesadas si la frase 1 es falsa y por lo tanto no se ejecuta; puesto que, si la frase 1 se ejecuta, el programa saltará al paso 70 sin haber procesado ninguna frase subsiguiente en el paso 50.

Instrucción OTHRW

La instrucción OTHRW (otherwise, sino) también puede utilizarse para influir en el flujo del programa.

La instrucción OTHRW es ejecutada cuando la última
IF es evaluada como falsa.

IF		I 2.0	Si entrada 2.0 está activa
THEN	SET	O 3.3	entonces activa salida 3.3
OTHRW	SET	O 4.5	sino, activa la salida 4.5

Reglas de ejecución de un STEP con instrucciones OTHRW

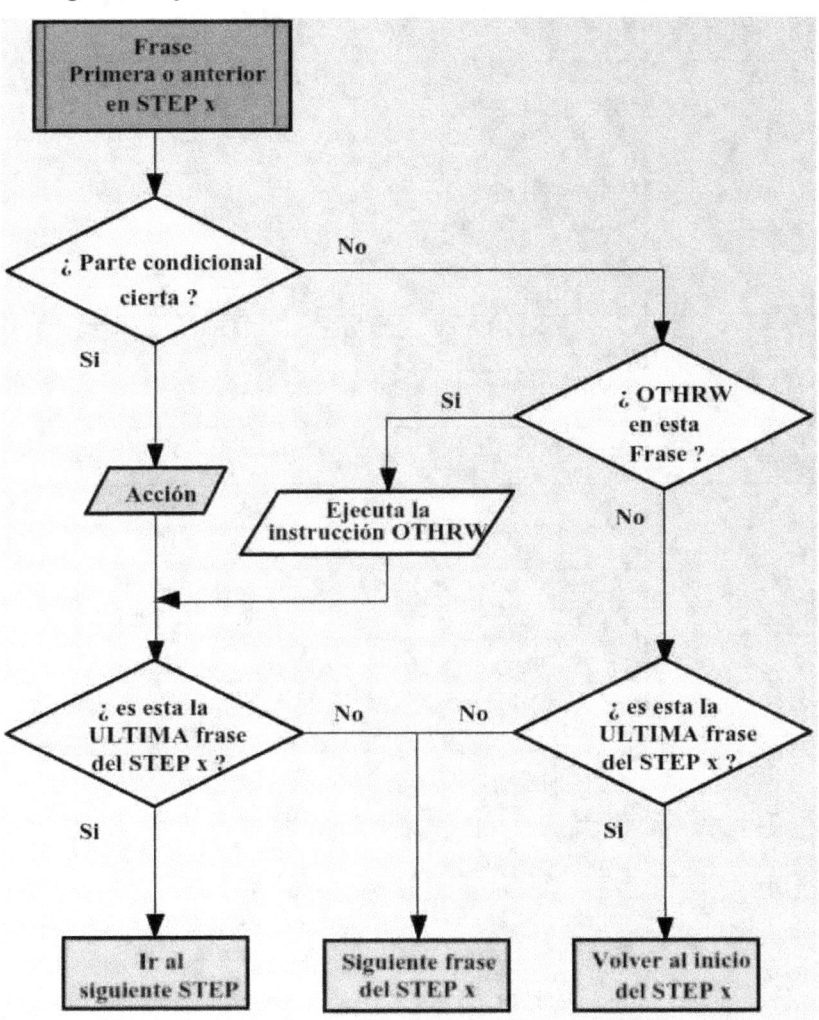

Resumen de instrucciones AWL

El lenguaje AWL usa las siguientes instrucciones que permiten resolver tareas de control sencillas o complejas fácil y rápidamente.

Instrucción	Propósito
AND	Realiza una función lógica AND entre operandos monobit o entre multibit y constantes
BID	Convierte el contenido del acumulador multibit de Binario a formato BCD
CFM n	Empieza la ejecución o inicialización de un módulo de función
CMP n	Empieza la ejecución de un Módulo de programa
CPL	Produce el complemento a dos del contenido del acumulador multibit
DEC	Decrementa un operando multibit / acumulador
DEB	Convierte el contenido del acumulador multibit de formato BCD a Binario
EXOR	Realiza la función EXOR entre operandos monobit o multibit y constantes
IF	Instrucción que marca el inicio de la parte condicional de una frase
INC	Incrementa un operando multibit / acumulador
INV	Realiza el complemento a uno del contenido del acumulador multibit
JMP TO (Step Label)	Obliga al programa a seguir en un Paso especificado
LOAD	Permite la carga en el acumulador monobit o multibit de los operandos especificados (monobit o multibit) y constantes
NOP	Instrucción especial que siempre es cierta en la parte Condicional de una frase. En la parte Ejecutiva equivale a " no hacer nada "
OR	Realiza la función OR entre operandos monobit o multibit y constantes
OTHRW	Permite la continuación de la ejecución del programa aunque la Parte Condicional de la frase sea falsa
PSE	PSE (Program Section End) Fin de un programa parcial
RESET	La instrucción Reset se utiliza para cambiar los operandos monobit a estado lógico "0"
ROL	Gira a izquierdas una posición todos los bits contenidos en el Acumulador. El bit más significativo es desplazado a la posición del menos significativo
ROR	Gira a derechas una posición todos los bits contenidos en el acumulador. El bit menos significativo es desplazado a la posición del más significativo

Instrucción	Propósito
SET	La instrucción Set se usa para cambiar los operandos monobit a estado lógico "1"
SHIFT	Realiza un desplazamiento entre operandos monobit
SHL	Desplaza una posición a la izquierda todos los bits contenidos en el Acumulador Multibit. El más significativo se pierde
SHR	Desplaza una posición a la derecha todos los bits contenidos en el Acumulador Multibit. El menos significativo se pierde, y el más significativo es puesto a "0"
SWAP	Intercambia el Byte alto con el Byte bajo del Acumulador Multibit
TO	Se utiliza junto con la instrucción LOAD para especificar el operando destino de la carga
THEN	Instrucción que indica el inicio de la parte Ejecutiva de una frase
WITH	Utilizada para parametrizar las llamadas CMF / CMP. También se utiliza para especificar la base de tiempo en algunos modelos de FPC

Referencia de las instrucciones AWL

AND

Propósito

1.- Para combinar dos o más operandos monobit o multibit en la parte condicional de una frase utilizando la operación lógica AND.

2.- Para realizar una intersección en AND entre dos operandos multibit o valores, indistintamente en la parte condicional o ejecutiva de una frase.

Ejemplos

Monobit

IF		I 1.1	Si entrada 1.1 está activa
	AND	T6	y timer 6 funciona
THEN	SET	O 1.5	entonces activa salida 1.5

Multibit

A continuación, se muestra la operación lógica AND aplicada a dos operandos de 8 bits.

0	0	1	0	1	1	0	1	operando 1 = 45 decimal
1	1	1	0	1	1	0	0	AND operando 2 = 236 decimal
0	0	1	0	1	1	0	0	resultado = 44 decimal

La función AND puede utilizarse indistintamente en la parte Condicional o en la parte Ejecutiva de una frase. Cuando se utiliza en la parte Condicional de una frase, esta función permite comparar el resultado de una función lógica AND de dos operandos multibit, con un tercer operando multibit o bien con una constante.

IF		(R6	El contenido de R6 es enlazado en
	AND	R7)	AND con el contenido del registro R7
		= V 34	A continuación el resultado es comparado con la cte. decimal 34
THEN	......		Si hay igualdad entonces se realizarán las funciones programadas

El siguiente ejemplo muestra cómo utilizar la prestación multibit para leer una palabra entera (Word) de Entradas.

A continuación, el resultado es enlazado en AND con el valor decimal 15 (00001111 en binario).

Comparando el resultado de esta operación para ver si es mayor de "0", podremos verificar si alguna de las entradas I0.0 hasta I 0.3 se haya activa.

IF		(I W 0	El contenido de la palabra de entradas
	AND	V 15)	IW0 es enlazado con la constante 15
		> V 0	y el resultado es comparado .....
THEN	......		Si es mayor de "0" la frase será cierta

El siguiente ejemplo muestra esta utilización de la función AND con operandos multibit en la parte Ejecutiva de una frase.

IF	....		Si las condiciones son ciertas
THEN	LOAD	(R 38	transfiere el contenido del registro 38 al acumulador multibit
	AND	R 45)	Enlaza en AND con el registro 45
	TO	R 17	y deposita el resultado en el registro 17

BID

Propósito

Para convertir el contenido del acumulador multibit de un formato binario al formato BCD.

Esta instrucción se utiliza frecuentemente junto con un dispositivo conectado a las salidas del PLC (p.ej. visualizadores de mensajes, controles de motores, etc.). Estos dispositivos generalmente esperan la entrada de órdenes en formato BCD.

Ejemplos

El valor a convertir, primero debe ser cargado en el acumulador multibit.

IF		I 1.0	Al accionar el pulsador del motor
THEN	LOAD	R 26	El registro 26 contiene la información de la nueva posición
	BID		Convierte a formato BCD
	AND	V 15	y oculta todos los bits excepto 0-3
	TO	OW2	transfiere el resultado a la palabra de salida 2 (conectada al control del servomotor)

Por favor, observe que los valores permitidos son de 0-9999.

CFM

Propósito

La instrucción CFM (Module, Llamada a un Módulo de Función) se utiliza para requerir la ejecución de una rutina estándar del sistema, la cual reside en la memoria del sistema de control. Debe consultarse el correspondiente manual de FPC para ver que llamadas CFM pueden hacerse en cada configuración de hardware. Estas rutinas estándar no pueden ser escritas por el usuario, ya que forman parte del sistema operativo del PLC. Algunos Módulos de Función pueden utilizar Unidades Funcionales (FU) para pasar información desde / hacia los programas del usuario y Módulos de Función.

Ejemplos. Dependiendo del modelo específico de FPC, así como de la rutina CFM en particular, puede ser necesario pasar algunos parámetros cuando se programa una CFM.

Ejemplo 1: FPC 202 c

Esta rutina del sistema puede utilizarse para borrar o inicializar diversos operandos. La llamada a este CFM acepta un solo parámetro numérico. Si utilizamos el

valor 2, el Módulo de Función inicializará todos los
Flags a 0s.

IF		I 1.2	Pulsador de reset accionado
THEN	CFM	2	Llamar al módulo de función 1
	WITH	V2	pasar el valor 2 al 1er parámetro que aquí significa poner a cero TODOS los Flags

Ejemplo 2: FPC 404

Esta rutina del sistema puede utilizarse para habilitar
un controlador de interrupciones de conteo a alta
velocidad en la entrada I0 de la CPU del FPC 404.
Este CFM requiere pasar varios parámetros junto con
la llamada al sistema. El primer parámetro especifica
el número del programa que queremos ejecutar
cuando se alcance el final del conteo. El segundo
parámetro permite especificar si deseamos identificar
el flanco ascendente o el descendente de la señal. El
parámetro 3 permite especificar el número de pulsos
que queremos contar antes de ejecutar el programa
especificado en el parámetro 1.

IF			I 2.2	Pulsador arranque motor
	AND	N	O 2.1	Y motor inactivo
THEN	SET		O 2.1	Arranca el motor
	CFM		2	Llama al módulo de función 2, habilita la función de interrupción para CPU 0
	WITH		V6	Programa a lanzar cuando se alcance el final del conteo
	WITH		V0	Sobre el flanco ascendente de la señal
	WITH		V200	El conteo es 200

CMP

Propósito

La instrucción CMP (Call Program Module, Llamada a un Módulo de Programa) se utiliza para solicitar la ejecución de una rutina de programa externa. Los módulos de programa pueden considerarse similares a las subrutinas.

NOTA: No es posible utilizar la función CMP DENTRO de un módulo de programa.

Los módulos de programa pueden escribirse en uno de los diferentes lenguajes incluyendo AWL y Assembler. Festo pude suministrar varios módulos de programa optimizados para realizar tareas especializadas tales como:

* Entrada / Salida de Textos

* Conteo en alta velocidad

* Funciones aritméticas de 32 bits

Algunos Módulos de Programa pueden utilizar Unidades Funcionales (FU) para pasar información desde / hacia los programas de usuario y los Módulos de Programa.

Ejemplos

Dependiendo del modelo específico de FPC, así como del Módulo de Programa llamado, puede ser necesario pasar algunos parámetros cuando se utiliza una CMP.

Ejemplo: FPC 202 c

Este módulo de programa puede utilizarse para transmitir texto. La llamada a este CMP en particular acepta varios parámetros dependiendo de la función deseada.

IF		I 1.5	Si sensor de nivel máximo
THEN	CMP	7	Llamar al módulo de programa 7
	WITH	V0	con el texto que se indica
	WITH	Tanque # 1	lleno

El ejemplo anterior sirve simplemente para dar una idea general de la forma en que son llamados los módulos de programa. Los diferentes procedimientos de llamada varían mucho, así que el usuario siempre deberá consultar la documentación específica.

Módulos sencillos

En una situación donde el usuario simplemente escribe una subrutina como un módulo de programa, no es necesario pasar ningún parámetro. En tales casos, la llamada puede realizarse con:

IF......			
THEN	CMP	8	Llama a un módulo de programa que no requiere ningún parámetro

CPL

Propósito

Esta instrucción complementa el contenido del acumulador multibit utilizando el método del complemento a dos. En principio, el efecto de la instrucción CPL es el mismo que multiplicar por -1, si se trata de números enteros con signo.

Ejemplos

Lo siguiente muestra la utilización de la instrucción CPL a un número de 16 bits que ha sido cargado en el acumulador multibit.

0	0	0	1	0	0	1	0	0	1	1	0	0	1	1	1	4711
1	1	1	0	1	1	0	1	1	0	0	1	1	0	0	1	CPL = - 4711

El valor con que se va a operar, primero debe ser cargado en el acumulador multibit.

En el ejemplo siguiente, el programa comprobará si el Registro 32 contiene un número negativo, y si es así lo convertirá a positivo y lo depositará en el Registro 22.

IF		(R32	Ver si el registro 32 es menor de 0... o
		< V 0)	un valor negativo y si es negativo
THEN	LOAD	R 32	cargarlo en el acumulador multibit
	CPL		realizar la instrucción "complementar "
	TO	R 22	y copiarlo en el registro 22

DEB

Propósito

Para convertir el contenido del acumulador multibit de formato BCD a Binario. Es frecuente que muchos equipos periféricos puedan enviar información (valores etc.) a un PLC a través de las entradas estándar. Para minimizar el número de entradas, el dispositivo periférico puede utilizar una codificación BCD. Dado que la instrucción DEB opera sobre el contenido del acumulador multibit, el valor a convertir debe ser previamente cargado en el acumulador multibit.

Ejemplos

Si utilizamos dos conmutadores rotativos BCD para definir el número de ciclos que una máquina debe realizar, podríamos utilizar las siguientes instrucciones:

Hemos conectado los conmutadores BCD a las entradas 0-7 de la palabra de entradas IW1 y la entrada I0.3 se utiliza para validar la introducción del valor, que será almacenado en la palabra de contador CW2.

IF		I 0.3	Cuando se active I 0.3
THEN	LOAD	(I W 1	copiar la palabra de entradas en el
	AND	V 255)	acumulador multibit y usar la instrucción AND para enmascarar las entradas I 1.8..15. Tanto si existen I 1.8....15 como sino, se asegura que en el acumulador habrá realmente 1 valor de los conmutadores BCD
	DEB		Convertir el actual valor BCD a binario
	TO	C W 2	y copiar el resultado en la palabra del contador 2

Por favor, observar que los valores permitidos son de 0-9999.

DEC

Propósito

La instrucción DECrement reduce el valor de cualquier operando multibit en "1". A diferencia de otras instrucciones aritméticas, la operación DECrement puede ser realizada directamente sin necesidad de cargar previamente el operando a decrementar en el acumulador multibit. A pesar de que la instrucción DECrement puede utilizarse sobre cualquier operando multibit, es comúnmente utilizada junto con Contadores y Registros.

Ejemplos

En el siguiente ejemplo se supone que, en una línea de llenado de botellas, la entrada *I1.3* es activada cada vez que pasa una botella por la estación de conteo. El número total de botellas debe guardarse en el Registro 9. Sin embargo, a veces una botella puede no estar completamente llena y esto es verificado más adelante en el proceso de producción. Si se detecta una botella parcialmente llena, el contador totalizador debe ser disminuido en una unidad.

IF			I 1.3	La I 1.3 detecta todas las botellas que
THEN	INC		R 9	queremos totalizar, así que hay que añadir 1 al contador existente
IF			I 2.2	Cuando llega una botella a la estación de verificación
	AND	N	I 3.6	y no ,está totalmente llena
THEN	DEC		R 9	restar 1 del total

La instrucción citada DECrement equivale a:

IF....				
THEN	LOAD		R 9	Cargar R 9 en el acumulador multibit
			- V 1	restar 1
	TO		R 9	y copiar el resultado de nuevo en R 9

EXOR

Propósito

Para combinar dos o más operandos monobit o multibit en la parte Condicional o Ejecutiva de una frase utilizando la operación lógica EXOR (OR Exclusiva).

Ejemplo Monobit: En el siguiente ejemplo, la salida O 1.3 será activada si cualquiera de las Entradas I1.1 o I1.2 está activa, pero no si lo están ambas.

IF		I 1.1	Tanto si está activa I 1.1 como I 1.2
	EXOR	I 1.2	PERO NO AMBAS
THEN	SET	O 1.3	entonces activa la salida 1.3

Ejemplo Multibit: A continuación, se muestra la operación lógica EXOR aplicada a dos operandos de 8 bits.

0	0	1	0	1	1	0	1	operando 1 = 45 decimal
1	1	1	0	1	1	0	0	OR operando 2 = 236 decimal
1	1	0	0	0	0	0	1	resultado = 193 decimal

Cuando se utiliza en la parte Condicional de una frase, esta función permite comparar el resultado de una función lógica EXOR de dos operandos multibit con un tercer operando multibit o con una constante.

En el siguiente ejemplo, utilizaremos la potencia de la instrucción EXOR para controlar una estación de llenado de 8 botellas. Las 8 posiciones de llenado se hallan en un lugar del sistema de transporte de las botellas. A medida que pasan las botellas, deben ser verificadas. Es posible en cualquiera de las 8 posiciones que una botella esté o no presente. Todas las botellas vacías deberán llenarse y cuando estén todas presentes, la línea se desplazará de nuevo, buscando el siguiente grupo para llenar. La palabra de entradas IW0 (I0.0...I 0.7) está conectada a los sensores de presencia de botella y la palabra de entradas IW1 (I1.0...I1,7) está conectada a los sensores de llenado de botella. La palabra de salidas OW0 (O0.0...O0.7) controla las boquillas de llenado,

STEP 10			
IF		N O 1.0	Las botellas no están detenidas
	AND	I 0.7	y hay botellas en posición 7
THEN	SET	O 1.0	parar movimiento botellas
	LOAD	(IW0	Ver si están presentes y
	EXOR	IW1)	SIN llenar
	TO	OW0	entonces activar salidas para llenar botellas
IF		(OW0	Si TODAS las salidas están inactivas
		= V0)	
	AND	O 1.0	y las botellas detenidas para llenado
THEN	SET	O 1.0	Liberar las botellas de nuevo
	JMP TO	10	e ir al paso 10

mientras que la salida O 1.0 cuando está activa, cierra un tope sosteniendo así las botellas para su llenado.

INC

Propósito

La instrucción INCrement, incrementa el valor de cualquier operando multibit en "1". A diferencia de otras instrucciones aritméticas, la operación INCrement puede ser realizada directamente sin necesidad de cargar previamente el operando a INCrementar en el acumulador multibit.

A pesar de que la instrucción INCrement puede utilizarse sobre cualquier operando multibit, es comúnmente utilizada junto con Contadores y Registros.

Ejemplos

En el siguiente ejemplo se supone que, en una línea de llenado de botellas, la entrada I1.3 es activada cada vez que pasa una botella por la estación de conteo. El número total de botellas debe guardarse en el Registro 9. Sin embargo, a veces una botella puede no estar completamente llena y esto es verificado más adelante en el proceso de producción. Si se detecta una botella parcialmente llena, el contador totalizador debe ser disminuido en una unidad.

IF			I 1.3	La I 1.3 detecta todas las botellas que
THEN	INC		R 9	queremos totalizar, así que hay que añadir 1 al contador existente
IF			I 2.2	Cuando llega una botella a la estación de verificación
	AND	N	I 3.6	y no ,está totalmente llena
THEN	DEC		R 9	restar 1 del total

La instrucción citada INCrement equivale a:

IF....				
THEN	LOAD		R 9	Cargar R 9 en el acumulador multibit
			+ V 1	añade 1
	TO		R 9	y copia el resultado de nuevo en R 9

INV

Propósito

Esta instrucción complementa (INVerts, INVierte) el contenido del acumulador multibit, utilizando el método del complemento a "1".

Cuando se aplica a enteros con signo, esto es equivalente a multiplicar un número por -1 y añadirle -1.

Ejemplos

El siguiente cuadro ilustra una aplicación de la instrucción INV a un número de 16 bits que ha sido cargado en el acumulador multibit.

0	0	0	1	0	0	1	0	0	1	1	0	0	1	1	1	
1	1	1	0	1	1	0	1	1	0	0	1	1	0	0	0	INV

La instrucción INV puede ser de utilidad cuando se desea invertir todos y cada uno de los bits contenidos en el acumulador multibit.

En el siguiente ejemplo, una máquina mezcladora tiene 16 estaciones.

El ciclo de mezcla consiste en periodos alternativos de agitación y de asentamiento.

Durante la operación normal, los operarios añaden o quitan contenedores aleatoriamente.

Solamente aquellas estaciones que poseen contenedor situado deben activarse.

Se han previsto sensores para detectar que estaciones deben ser activadas.

STEP 10			
IF		N T1	Tiempo vencido
THEN	LOAD	O W 1	El estado actual de las salidas 0-15 de las estaciones de agitado es copiado al acumulador
	INV		ahora invertimos el estado de cada salida... aquellas que estén en 1 pasarán a 0 (pero esto solo en el MBA)
	AND	I W 1	ahora corregir para cada estación que estuviera en off y no tuviera contenedor
	TO	O W 1	finalmente activar las correspondientes salidas
	SET	T 1	y arrancar el temporizador
STEP 20			espera hasta terminar el proceso
IF		N T 1	de temporización
THEN	JMP TO	10	para regresar al paso 10

JMP TO

Propósito

Para proporcionar un medio de influir en el flujo de
ejecución del programa, basándose en un criterio
programable. Análoga a la instrucción del lenguaje
Basic "GOTO". Se debe observar que la instrucción
JMP TO puede alterar el comportamiento normal que
hace que al cumplirse la ÚLTIMA frase de un STEP el
programa continúe en el siguiente. La instrucción JMP
TO también puede utilizarse para dar prioridad a la
ejecución de frases dentro de un STEP.

Ejemplos

En el primer ejemplo la instrucción JMP TO se utiliza en un programa paralelo para detectar y reaccionar ante una condición de PARO.

El paso 20 contiene todas las frases que son procesadas de forma paralela. Observar que el PARO es un pulsador cerrado en reposo.

```
STEP 20
.......... frases anteriores en el paso 20

IF                      N   I 1.1    Ver si paro ha sido pulsado, si es así,

THEN      LOAD            V 0        desactivar todas las salidas en grupo
          TO              O W 0      en las palabras de salidas 0 y 1
          TO              O W 1
          JMP TO          80         y seguir en una rutina especial

STEP 80                              Rutina de PARO
IF                          I 1.1    Esperar aquí hasta que no se detecte la
                                     señal de paro
          AND               I 2.1    y se accione el pulsador de RESET
THEN      JMP TO            20       entonces continuar en el paso 20
```

El siguiente ejemplo utiliza saltos múltiples dentro de una instrucción STEP y muestra una situación donde el operador de la máquina debe seleccionar 1 de 3 posibles opciones.

STEP 40			El operador debe seleccionar SOLO 1 de las 3 secuencias
IF		I 1.1	Selección de secuencia 1
	AND	N I 1.2	y no secuencia 2
	AND	N I 1.3	y no secuencia 3
THEN	JMP TO	100	salto a secuencia 1
IF		I 1.2	Selección de secuencia 2
	AND	N I 1.1	y no secuencia 1
	AND	N I 1.3	y no secuencia 3
THEN	JMP TO	150	salto a secuencia 2
IF		I 1.3	Selección de secuencia 3
	AND	N I 1.1	y no secuencia 1
	AND	N I 1.2	y no secuencia 2
THEN	JMP TO	200	salto a secuencia 3

Hay que tener cuidado al ordenar varias frases dentro de un mismo paso, junto con el uso de la instrucción JMP, ya que es fácil asignar prioridades involuntariamente.

El siguiente ejemplo asume que los pasos hasta el 50 contienen instrucciones para un proceso, y que al alcanzar el paso 60, la máquina debe verificar las entradas I1.1, I1.2 y I 1.3, esperar hasta que aparezca una PRIMERA entrada y procesar solamente una de estas entradas, donde la I 1.1. tiene la máxima prioridad e I 1.2 tiene la prioridad más baja.

```
STEP 60
IF                    N   I 1.1      Esperar hasta que por lo menos una de
          AND         N   I 1.2      las entradas está activa
          AND         N   I 1.3
THEN      JMP TO          60
IF                        I 1.1      Esta entrada tiene la más alta prioridad
THEN      JMP TO          100        al paso 100
IF                    N   I 1.1      asegurarse de que no hay acciones
          AND             I 1.2      de mayor prioridad
THEN      JMP TO          150        al paso 150
IF                    N   I 1.1      asegurarse de que no hay acciones
          AND         N   I 1.2      de mayor prioridad
          AND             I 1.3
THEN      NOP                        OK. para procesar solo el siguiente paso
                                     del programa
```

LOAD...TO

Propósito

La instrucción LOAD (CARGAR) permite copiar (cargar) operandos monobit o multibit en los acumuladores monobit o multibit (respectivamente) como preparación para:

1.- Realizar operaciones lógicas y/o matemáticas

2.- Como paso intermedio requerido para transferir información entre operandos.

La parte... TO (hacia) de la instrucción permite especificar el destino del operando.

La instrucción LOAD...TO es más frecuentemente utilizada con operandos multibit.

Ejemplos

Cargas monobit

Origen	Operación Opcional	Destino
LOAD SBO	ninguna	TO SBO
LOAD I 1.0		TO O 1.0
LOAD SBO	AND SBO	TO SBO
LOAD I 1.0	AND N I 1.1	TO O 1.0
Nota : SBO = cualquier Single Bit Operand (monobit)		

Sintaxis monobit

A pesar que los ejemplos citados son instrucciones válidas AWL, generalmente no se usan.

Equivalen a:

IF		I 1.1	Si entrada 1.0 está activa
THEN	SET	O 1.0	activar salida 1.0
OTHRW	RESET	O 1.0	sino desactivarla
IF		I 1.0	Si entrada 1.0 activa
	AND	N I 1.1	y entrada 1.1 NO activa
THEN	SET	O 1.0	activar salida 1.0
OTHRW	RESET	O 1.0	sino desactivarla

Origen	Operación Opcional	Destino
LOAD MBO / V	ninguna	TO MBO
LOAD R6		TO TW1
LOAD MBO/ V	AND MBO / V	TO MBO
LOAD R11	SHL	TO CW4
LOAD CW2	+ V3199	TO R28
Nota : MBO / V = cualquier Multi Bit Operand o Valor		

Sintaxis multibit

La utilización de la instrucción LOAD con operandos multibit y valores, cuando se utiliza junto con los operadores lógicos o matemáticos disponibles, proporciona unas posibilidades de proceso muy potentes.

El siguiente ejemplo ilustra algunas de las diversas funciones que pueden realizarse utilizando la instrucción LOAD.

Desconexión de TODAS las salidas de un sistema

Asumiremos que nuestro sistema contiene 64 salidas organizadas en 4 palabras de 16 bits.

Utilizando la clásica instrucción RESET para desactivarlas requeriría un programa como:

IF		I 1.0	p. ej. un pulsador
THEN	RESET	O 1.0	desactiva la salida 1.0
	RESET	O 1.1	y otra
	...		repetimos esta instrucción
	...		para cada una de las 64 salidas

Mientras que utilizando la instrucción LOAD puede conseguirse el mismo resultado con:

IF		I 1.0	p. ej. un pulsador
THEN	LOAD	V 0	carga el valor "0" en el acumulador
	TO	OW 1	desactiva las salidas 1.0...1.15
	TO	OW 2	desactiva las salidas 2.0...2.15
	TO	OW 3	desactiva las salidas 3.0...3.15
	TO	OW 4	desactiva las salidas 4.0...4.15

Obsérvese que una vez que el Valor (en este caso 0) ha sido cargado en el acumulador multibit, puede copiarse (utilizando TO) a varios destinos sin tener que recargarlo.

Resumen

La instrucción LOAD, puede muy bien ser una de las instrucciones más potentes en el lenguaje AWL. Es importante recordar que la instrucción LOAD únicamente prepara al sistema para las instrucciones que le siguen.

Nota: Cuando se ejecuta una instrucción LOAD, el operando

o el Valor especificado es cargado en el acumulador multibit (MBA). El MBA es de 16 bits. Si el operando multibit especificado como fuente (p.ej.: LOAD MBO es de solo 8 bits (p.ej. un módulo de E / S con solo 8 puntos) entonces el byte más alto del MBA se llenará con ceros. Igualmente, si el MBA es transferido (por medio de la instrucción TO) a un destino de 8 bits, los 8 bits altos se perderán.

NOP

Propósito

La instrucción NOP (No OPeration) que en principio podría parecer de poca utilidad, es frecuentemente de gran ayuda en programación. La consecuencia de utilizar la instrucción NOP depende de si es utilizada en la parte condicional o en la parte ejecutiva de una frase.

Ejemplos
Parte condicional
Cuando se utiliza en la parte condicional de una frase, la instrucción NOP puede servir para construir una

frase que siempre sea evaluada como cierta, con lo que las instrucciones programadas en la parte ejecutiva siempre se realizarán.

STEP 45			
IF		NOP	Siempre cierto
THEN	SET	T 6	arranca temporizador 6
	SET	O 1.2	activa la salida 1.2

Procesamiento paralelo

Cuando un paso de programa contiene varias frases que deben procesarse (explorarse) continuamente, la instrucción NOP puede utilizarse para controlar el flujo del programa.

STEP 11			
IF		I 1.4	Si entrada 1.4 está activa
THEN	SET	T 4	arranca temporizador 4
IF		I 3.0	Arranque manual
THEN	SET	O 1.6	del motor
OTHRW	RESET	O 1.6	sino, parar motor
IF		T 4	Temporizador 4 funciona
	AND	O 1.6	y motor funciona
THEN	INC	C W 3	incrementa ciclo de conteo

IF		I 2.2	Pulsador de emergencia
THEN	JMP TO	90	abandona esta exploración
IF	NOP		Incondicionalmente
THEN	JMP TO	11	continua esta exploración
STEP 90			rutina especial
IF		N I 2.2	Pulsador de emergencia liberado
	AND	I 3.3	y pulsador de reset
THEN	JMP TO	11	vuelve al paso 11, sino espera

Parte ejecutiva

Cuando se utiliza en la parte ejecutiva de una frase, la instrucción NOP es evaluada como una instrucción de "no hagas nada".

A pesar de que esto puede parecer poco interesante, a menudo es muy útil cuando el programador desea esperar a que se cumplan unas determinadas condiciones para seguir con la ejecución del programa en el siguiente paso.

STEP 60				
IF			I 1.5	Entrada 1.5 activa
	AND		T 7	Temporizador 7 funcionando
	AND	N	C 2	Contador 2 inactivo
THEN	NOP			cumplidas las condiciones anteriores, procede con el siguiente paso

OR

Propósito

1.- Para combinar dos o más operandos monobit o multibit en la parte condicional de una frase utilizando la operación lógica OR.

2.- Para realizar el enlace en OR de dos operandos multibit o valores, indistintamente en la parte condicional o ejecutiva de una frase.

Ejemplos
Monobit

IF		I 1.1	Si entrada 1.1 está activa
	OR	T6	o el timer 6 funciona
THEN	SET	O 1.5	entonces activa salida 1.5

Multibit

A continuación, se muestra la operación lógica AND aplicada a dos operandos de 8 bits.

0	0	1	0	1	1	0	1	operando 1 = 45 decimal
1	1	1	0	1	1	0	0	OR operando 2 = 236 decimal
1	1	1	0	1	1	0	1	resultado = 237 decimal

La función OR puede ser utilizada con operandos Multibit y valores, tanto en la parte Condicional de la frase, como en la parte Ejecutiva.

Cuando se utiliza en la parte Condicional de una frase, esta función permite que el resultado de la función lógica OR entre dos operandos multibit o valores, sea comparado con un tercer operando multibit o con un valor.

IF			(R43	El contenido de R43 es enlazado en
	OR		R7)	OR con el contenido del registro R7
			= V 100	Si el resultado es igual a 100
THEN	......			entonces se realizarán las funciones programadas

El siguiente ejemplo es una máquina que consiste en 16 transportadores paralelos, cada uno de los cuales suministra componentes a una zona de montaje.

Los componentes son cargados manualmente a uno o más de los tres posibles emplazamientos de cada transportador. Cada transportador incluye tres sensores que verifican si las piezas han sido cargadas Cuando los 16 transportadores tienen por lo menos un componente cargado, entonces cada transportador deberá comenzar a funcionar. A medida que una pieza alcance la posición final de cada transportador, éste deberá detenerse. Cada transportador contiene un sensor para detectar cuando una pieza se halla presente en la posición final.

STEP 50				El criterio de arranque de todos los
IF			(O W 1	transportadores está detenido ahora
	OR		I W 4	(salidas 1.0 a 1.15)
			= V 0)	y las 16 posiciones están libres
	AND		(I W 1	Todos los sensores de la estación 1 para transportadores 1, 2 y 3
	OR		I W 2	Todos los sensores de la estación 2 para transportadores 1, 2 y 3
	OR		I W 3	Todos los sensores de la estación 3 para transportadores 1, 2 y 3
			= V 65535	Los 16 tienen por lo menos 1 componente cargado
THEN	LOAD		V 65535	Entonces activar los 16 transportadores
	TO		O W 1	controlados por las salidas 1.0...1.15
STEP 60				
THEN	LOAD		I W 4	Desactivar cada transportador
	TO		O W 4	a medida que alcanzan la posición final
IF			(O W 4	Cuando todos los transportadores
			= V 0	se han detenido
THEN	JMP TO		50	empezar de nuevo

PSE

Propósito

Para marcar el final de programa (Program Section End) o un cambio de programa. Esto provocará un cambio de procesador virtual en aquellos procesadores que soportan multitarea (ver multitarea)

Al regresar al programa que ha ejecutado la instrucción PSE, el programa continuará procesando:
En la primera frase del paso actual o en la primera frase del programa cuando no existan pasos.

Ejemplos

Si un programa AWL simplemente termina con una instrucción normal y no se dan instrucciones adicionales, el programa dejará de funcionar.

Los programas clásicos o partes del programa se terminan utilizando la instrucción PSE o la instrucción JMP.

STEP 10			
IF		I 1.1	Pulsador de marcha
THEN	SET	O 2.1	Avanzar cilindro
STEP 20			
IF		I 3.1	Cilindro delante
THEN	RESET	O 2.1	retroceder cilindro
	PSE		ir a la primera frase
OTHRW	PSE		ir a la primera frase

Cuando un programa ha sido realizado sin etiquetas de pasos, y debe procesarse de forma continuada según el ciclo de exploración (scan); el programa debe terminar con una instrucción PSE.

....		frases anteriores
....		" "
IF	NOP	Siempre cierto
THEN	PSE	Fin del programa parcial e ir a la frase inicial en el programa

RESET

Propósito

La instrucción RESET (desactivar) se utiliza para cambiar los operandos Monobit al estado lógico "0". La desactivación de un operando que ya esté desactivado, no produce efecto alguno.

El efecto que produce una instrucción de RESET, varía según el operando referido. La siguiente tabla proporciona un resumen de la utilización de la instrucción RESET.

Ejemplos

Operando	Sintaxis	Efecto
Output	RESET O 1.6	Desactiva Salida 1.6 (off)
Flag	RESET F 2.12	Fuerza el estado del Flag 2.12 a ser "0"
Counter	RESET C 6	El estado del contador 6 es puesto a inactivo
Timer	RESET T 4	El estado del Temporizador 4 es puesto a inactivo
Program *	RESET P 2	El programa 2 es liberado de su procesador asignado y es detenido
Processor *	RESET Y 2	Cualquier programa asignado al procesador 2 es puesto en estado de detención
Auto Restart *	RESET ARU	Desactiva la función de rearranque automático (default = off)
Error Status *	RESET E	Borra el bit de estado de error

Los operandos marcados con (*) pueden diferir o no ser aplicables a todos los modelos de PLC.

ROL

Propósito

La instrucción ROL (ROtate Left), rota el contenido del acumulador Multibit hacia la izquierda en una posición El bit más significativo (15) es transferido a la posición del bit menos significativo. Véanse también las instrucciones ROR, SHR y SHL. Debe recordarse que la instrucción LOAD....TO se utiliza normalmente en primer lugar para preparar el Acumulador Multibit y de nuevo después de la instrucción ROL para copiar el resultado al operando multibit deseado.

Ejemplos

La siguiente tabla muestra el efecto de la utilización de la instrucción ROL.

0	1	0	1	0	1	1	0	0	0	0	1	1	1	0	1	LOAD MBO
1	0	1	0	1	1	0	0	0	0	1	1	1	0	1	0	1er ROL
0	1	0	1	1	0	0	0	0	1	1	1	0	1	0	1	2º ROL
0	1	0	1	1	0	0	0	0	1	1	1	0	1	0	1	TO MBO

IF		N	T6	Si T6 está parado
THEN	LOAD	O W 1		cargar los 16 bits de la palabra de salidas 1 al MBA
	ROL			Rota a izquierda una vez
	ROL			rota a izquierda una segunda vez
	TO	O W 1		copia el resultado de nuevo al mismo sitio

Esta instrucción puede tener una buena aplicación cuando se utiliza en máquinas transfer rotativas o transportadores, para seguir el estado de la producción cuando la máquina realiza la transferencia.

ROR

Propósito

La instrucción ROR (ROtate Rigth), rota el contenido del acumulador Multibit hacia la derecha en una posición. El bit menos significativo (bit 0) es transferido a la posición del bit más significativo.

Véanse también las instrucciones ROR, SHR y SHL.

Debe recordarse que la instrucción LOAD....TO se utiliza normalmente en primer lugar para preparar el Acumulador Multibit y de nuevo después de la instrucción ROR para copiar el resultado al operando multibit deseado.

Ejemplos

La siguiente tabla muestra el efecto de la utilización de la instrucción ROR.

0	1	0	1	0	1	1	0	0	0	0	1	1	1	0	1	LOAD MBO
1	0	1	0	1	0	1	1	0	0	0	0	1	1	1	0	1er ROR
0	1	0	1	0	1	0	1	1	0	0	0	0	1	1	1	2ª ROR
0	1	0	1	0	1	0	1	1	0	0	0	0	1	1	1	TO MBO

IF		N T6	Si T6 está parado
THEN	LOAD	O W 1	cargar los 16 bits de la palabra de salidas 1 al MBA
	ROR		Rota a la derecha una vez
	ROR		Rota a la derecha una segunda vez
	TO	O W 1	copia el resultado de nuevo al mismo sitio

Esta instrucción puede tener una buena aplicación cuando se utiliza en máquinas transfer rotativas o transportadores, para seguir el estado de la producción cuando la máquina realiza la transferencia.

SET

Propósito

La instrucción SET (activar) se utiliza para cambiar los operandos Monobit al estado lógico "1". La activación de un operando que ya esté activado, no produce efecto alguno.

El efecto que produce una instrucción de SET, varía según el operando referido.

La siguiente tabla proporciona un resumen de la utilización de la instrucción SET.

Ejemplos

Operando	Sintaxis	Efecto
Output	SET O 1.6	Activa Salida 1.6 (on)
Flag	SET F 2.12	Fuerza el estado del Flag 2.12 a ser "1"
Counter	SET C 6	1.- La palabra del contador 6 es cargada con "0" 2.- El bit de estado de C6 es activado
Timer	SET T 4	1.- El contenido del preselector TP 4 es copiado al TW4 2.- El bit de estado del Timer 4 (T4) es activado (= 1)
Program *	SET P 2 SET P 2.3	Programa 2 es lanzado desde el inicio. Programa 3 es asignado al procesador 2 y lanzado desde el principio
Processor *	SET Y 2	Reactiva un programa previamente detenido en el procesador 2 en el punto donde se detuvo
Auto Restart *	SET ARU	Activa la función de rearranque automático

Los operandos marcados con (*) pueden diferir o no ser aplicables a todos los modelos de PLC.

SHIFT

Propósito

La instrucción SHIFT realiza un intercambio entre el Acumulador Monobit (SBA) y un operando Monobit.

Esta instrucción puede utilizarse para construir Shift Registers (Registros de desplazamiento) de diferentes longitudes... diferentes de las manipulaciones sobre 16 bits que realizan las instrucciones SHR y SHL.

Para operar correctamente, primero debe cargarse el SBA y a continuación pueden programarse cualquier número de SHIFTs monobit.

Ejemplos

En el siguiente ejemplo, cada vez que la entrada I 1.0 se activa, el estado de las salidas O 1.1 hasta O 1.4 debe ser actualizadas.

 * La salida O 1.4 tomará su estado según el estado que tenga la salida O 1.3.

* La salida O 1.3 tomará su estado según O 1.2.

* La salida O 1.2 tomará su estado según O 1.1.

* La salida O 1.1 tomará su estado según el estado que tenga la entrada I 1.1.

```
STEP 10
IF                        I 1.0      Entrada activa
THEN      LOAD            I 1.0      aquí se utiliza un Flag para evitar escribir
                                     desde una entrada, lo que de lo
          TO              F 0.0      contrario sucedería
          SHIFT           O 1.1      cargar F0.0 ⇨ O 1.1
          SHIFT           O 1.2      cargar O 1.1 ⇨ O 1.2
          SHIFT           O 1.3      cargar O 1.2 ⇨ O 1.3
          SHIFT           O 1.4      cargar O 1.3 ⇨ O 1.4

STEP 20
IF                  N     I 1.0      Espera que liberen la entrada
THEN      JMP TO           10        repetir
```

Ver Flags y Flags Words (marcas y palabras de marca) para una alternativa a la construcción de registros de desplazamiento.

SHL

Propósito

La instrucción SHift Left mueve (desplaza) el contenido del acumulador Multibit en una posición hacia la izquierda.

El bit más significativo (bit 15) es descartado y la posición del bit más significativo se llena con un "0".

Ver también las instrucciones ROL, ROR y SHR.

Una utilización típica de la instrucción SHL es la emulación de registros de desplazamiento.

Debe recordarse que la instrucción LOAD....TO se utiliza normalmente en primer lugar para preparar el Acumulador Multibit y de nuevo después de la instrucción SHL para copiar el resultado al operando multibit deseado.

Ejemplos

La siguiente tabla muestra el efecto de la utilización de la instrucción SHL.

1	1	0	1	0	1	1	0	0	0	0	1	1	1	0	1	LOAD MBO
1	0	1	0	1	1	0	0	0	0	1	1	1	0	1	0	SHL
1	0	1	0	1	1	0	0	0	0	1	1	1	0	1	0	TO MBO

Shift Register

El siguiente ejemplo mostrará la utilización de SHL en combinación con un MBO para emular un registro de desplazamiento.

A pesar de que puede utilizarse cualquier operando multibit, hemos elegido un Flag Word, dado que pueden ser manejados en base a palabra o en base a bit indistintamente.

Supongamos que estamos controlando una máquina que monta cartuchos de cintas para impresoras de ordenador. El proceso empieza en la estación 1 donde se hallan apilados los cartuchos vacíos en la línea de montaje; hasta la línea 10 donde los conjuntos montados son descargados a una máquina de embalar. En cada estación (1-10), una vez se ha completado la operación de montaje respectiva, se realiza un control de calidad. Los montajes defectuosos son inmediatamente retirados.

Adicionalmente, cuando la máquina es cargada por primera vez por la mañana, y al parar por la tarde, solo deben funcionar aquellas estaciones que contengan componentes válidos.

Sistemas de control secuencial

Mientras que cada estación puede incluir sensores para asegurar que ciertas piezas están correctamente posicionadas antes de proceder, el registro de desplazamiento, simplificará notablemente nuestras necesidades de proceso.

Para simplificar este ejemplo, sólo hemos considerado las estaciones 1-3.

STEP 40			Procesar estaciones. FW1 contiene un patrón de bits de donde hay piezas
IF		F 1.1	Hubo pieza correcta en la estación 1
	AND	N T 1	operación realizada
	AND	N I 2.1	pieza mala en estación 1
THEN	RESET	F 1.1	PIEZA MALA RETIRADA
IF		F 1.2	Hubo pieza buena en estación 2
	AND	N T 1	operación realizada
	AND	N I 2.2	pieza mala en estación 2
THEN	RESET	F 1.2	PIEZA MALA RETIRADA
IF		F 1.3	Hubo pieza buena en estación 3
	AND	N T 1	operación realizada
	AND	N I 1.3	pieza mala en estación 3
THEN	RESET	F 1.3	PIEZA MALA RETIRADA
IF		T 1	Operaciones terminadas
THEN	SET	O 1.1	transferir linea de montaje
STEP 50			
IF		N I 2.0	Linea transfiriendo
THEN	LOAD	F W 1	carga el registro de desplazamiento
	SHL		actualiza
	TO	F W 1	y almacena
STEP 60			
IF		I 2.0	Transferencia realizada
THEN	RESET	O 1.1	
	JMP TO	20	continua procesando

Multiplicación

La instrucción SHL puede utilizarse para multiplicar el contenido del MBA por dos.

IF		I 1.0	Detector de piezas
THEN	LOAD	R 6	registro 6
	SHL		multiplica por 2
	SHL		multiplica de nuevo, o sea, por 4
	TO	R 6	y guarda el resultado

SHR

Propósito

La instrucción SHift Right mueve (desplaza) el contenido del acumulador Multibit en una posición hacia la derecha.

El bit menos significativo (bit 0) es descartado y la posición del bit más significativo se llena con un "0".

Ver también las instrucciones ROL, ROR y SHL.

La instrucción SHR puede utilizarse también para dividir por dos cualquier MBO o valor.

El programador debe comprobar un posible desbordamiento o si el dividendo es un número impar, en cuyo caso el resultado será incorrecto, ya que solo se manipulan números enteros.

Debe recordarse que la instrucción LOAD....TO se utiliza normalmente en primer lugar para preparar el Acumulador Multibit y de nuevo después de la instrucción SHR para copiar el resultado al operando multibit deseado.

Ejemplos

La siguiente tabla muestra el efecto de la utilización de la instrucción SHR.

1	1	0	1	0	1	1	0	0	0	0	1	1	1	0	1	LOAD MBO
0	1	1	0	1	0	1	1	0	0	0	0	1	1	1	0	SHR
0	1	1	0	1	0	1	1	0	0	0	0	1	1	1	0	TO MBO

SWAP

Propósito

Proporciona el medio de intercambiar (permutar) el byte alto (bits del 8 al 15) y el byte bajo (bits del 0 al 7) en el acumulador multibit.

Antes de ejecutar la instrucción SWAP primero debe cargarse el correspondiente MBO en el acumulador multibit.

Ejemplos

La siguiente tabla muestra el efecto de la utilización de la instrucción SHL.

1	1	1	1	1	1	1	1	0	0	0	0	0	0	0	0	LOAD MBO / V
0	0	0	0	0	0	0	0	1	1	1	1	1	1	1	1	SWAP
0	0	0	0	0	0	0	0	1	1	1	1	1	1	1	1	TO MBO

Temporizadores

El temporizador

Muchas funciones de control exigen la programación del tiempo. Ejemplo: En una máquina deberá avanzar el cilindro B cuando el cilindro A haya vuelto a su posición normal, aunque solo después de transcurridos 5 segundos. En este caso se trata de un retardo de conexión. Con frecuencia es necesario que la activación de la sección se produzca con un retardo por razones de seguridad.

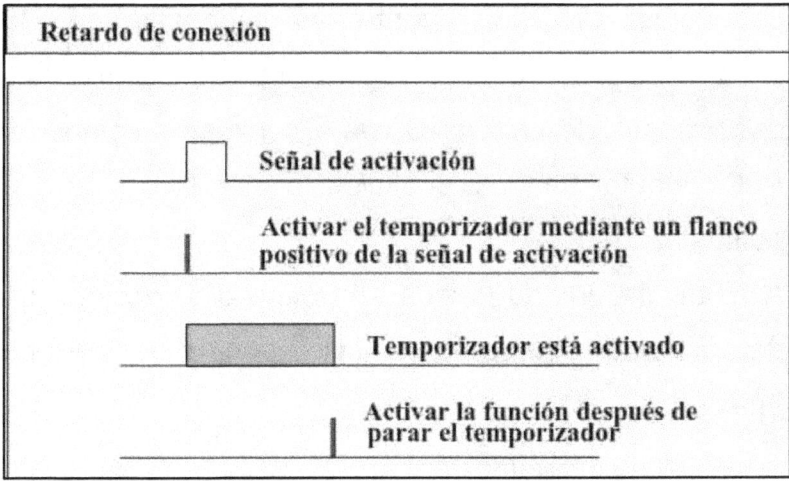

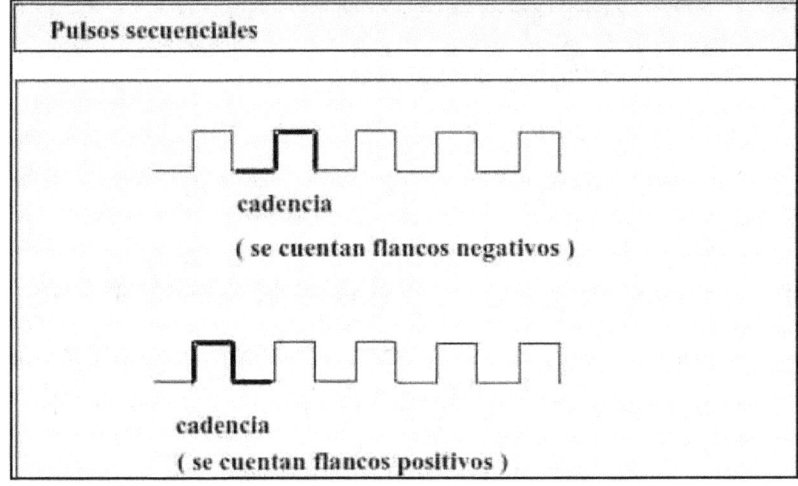

Para efectuar la programación de una temporización, es necesario recurrir a (submódulos) temporizadores. Todos los controles lógicos programables contienen dichos submódulos de temporización. Por lo general, los tiempos son configurados de modo digital, lo que significa que un contador se encarga de contar cadencias. Un PLC cuenta las cadencias con la misma exactitud con la que los relojes cuentan las oscilaciones de cuarzo. O, para ser más precisos: el PLC cuenta flancos positivos o negativos de los pulsos secuenciales.

A modo de unidad básica se define o selecciona un determinado tiempo para las secuencias de los pulsos:

- · Un milisegundo
- · Una centésima de segundo
- · Una décima de segundo
- · Un segundo
- · Un minuto

En el programa, los tiempos son confeccionados recurriendo a las unidades básicas respectivas, estando limitada la duración del tiempo programable.

La amplitud de conteo de un temporizador define la cantidad máxima de cadencias.

Multiplicando la amplitud de conteo con la cadencia más larga posible, se obtiene como resultado el tiempo máximo programable de un temporizador.

No obstante, utilizando varios submódulos temporizadores (con un contador) es posible prolongar el tiempo.

También existen temporizadores (submódulos electrónicos) que son parte integrante del hardware del PLC y que son denominados temporizadores analógicos del hardware.

Estos temporizadores conforman los tiempos de modo analógico con condensadores y resistencias.

Para activar un temporizador analógico se recurre a una entrada y a una salida del PLC.

Mediante un potenciómetro pueden ajustarse los tiempos analógicos.

No obstante, en la actualidad prácticamente ya no se utilizan este tipo de temporizadores, puesto que la temporización mediante software resulta más flexible y menos costosa.

Funcionamiento de un temporizador

Un temporizador está compuesto de los siguientes elementos:

* Valor nominal

* Valor efectivo

* Estado

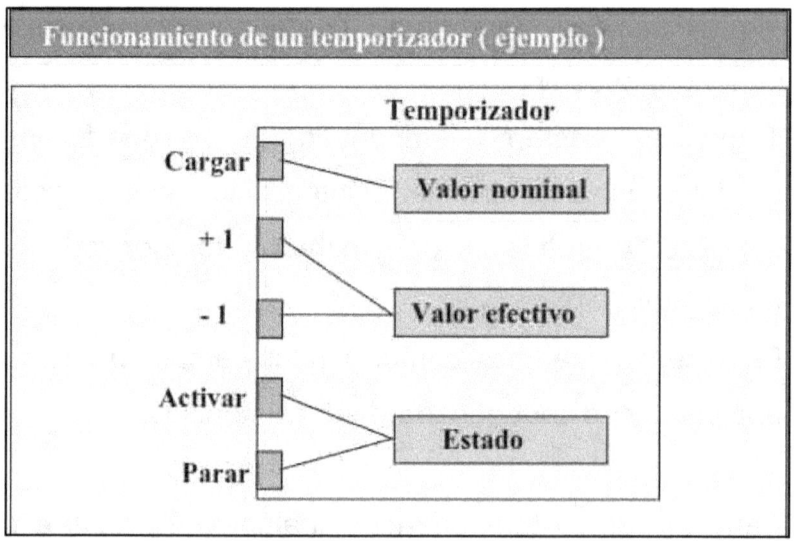

El valor nominal indica el tiempo que deberá transcurrir en función del programa y expresado mediante un número que indica la cantidad de cadencias que se haya seleccionado.

El valor nominal también puede ser igual a "0"; en este caso, el tiempo que se haya ajustado es igual al valor efectivo.

El valor efectivo indica el valor instantáneo del temporizador. Los temporizadores pueden contar hacia atrás o hacia adelante. El valor efectivo va cambiando respectivamente.

El estado de un temporizador indica si ya ha transcurrido el tiempo que se haya preseleccionado o si aún está transcurriendo, pudiendo ser la señal respectiva "0" o "1", según tipo de PLC.

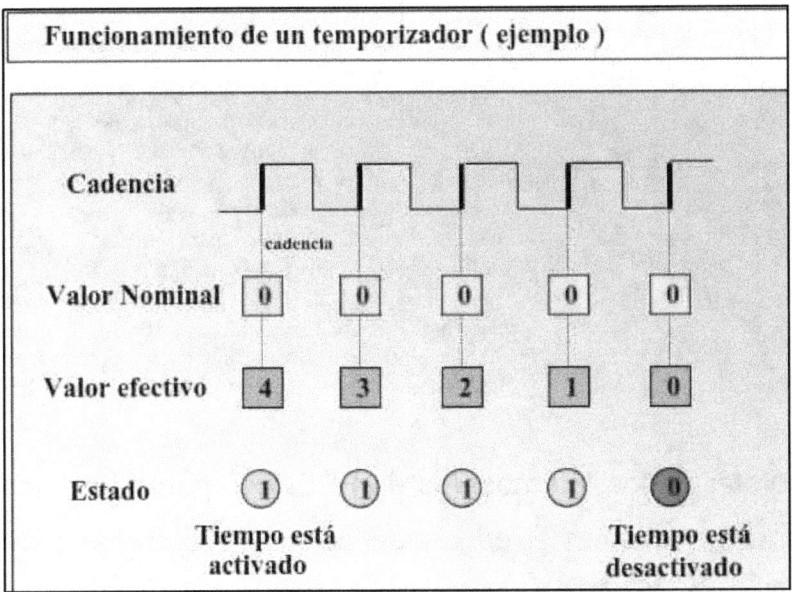

En la figura se muestra el funcionamiento de un temporizador recurriendo a un ejemplo sencillo. En él se ha ajustado un tiempo de 4 cadencias (es decir, por ejemplo, 4 veces 0,1 segundos). El número 4 es el valor efectivo y el conteo se produce hacia atrás hasta que se alcanza el valor efectivo 0. El temporizador cuenta los flancos positivos de los pulsos secuenciales.

Sistemas de control secuencial

Cada temporizador (o Timer), tal y como ha sido implementado en el lenguaje AWL, consta de varios elementos:

Elemento / Operando	Ref.	Función
Timer Status Bit	Tn	Permite a un programa verificar si un Timer está activo (funcionando). Este bit es cambiado a activo cuando el Timer es activado (SET). Cuando se ha terminado el periodo de tiempo o si el Timer es detenido (RESET) el bit de estado pasa a inactivo
Timer Preselect	TPn	Un operando de 16 bits que contiene el valor que define el tiempo del Temporizador n
Timer Word	TWn	Un operando de 16 bits al cual se transfiere automáticamente TP cuando se activa el Temporizador (SET). El contenido es automáticamente decrementado por el sistema a intervalos regulares

Nota: Todos los modelos de FPC incorporan baterías que mantienen el contenido de los Preselectores de Temporizador durante los periodos de desconexión.

Utilización de un temporizador

Para la utilización de un Temporizador en un programa AWL, se requieren varios pasos básicos:

Debe establecerse un Preselector de Temporizador (Timer Preselect) válido.

Debe emitirse una instrucción para activar el Temporizador.

El estado del Temporizador (activo / detenido) puede verificarse.

Inicialización de un preselector de temporizador

Elemento / Operando

Referencia

Función

Timer Status Bit Tn Permite a un programa verificar si un Timer está activo (funcionando). Este bit es cambiado a activo cuando el Timer es activado (SET). Cuando se ha terminado el periodo de tiempo o si el Timer es detenido (RESET) el bit de estado pasa a inactivo Timer Preselect TPn Un operando de 16 bits que contiene el valor que define el tiempo del Temporizador n Timer Word TWn Un operando de 16 bits al cual se transfiere automáticamente TP cuando se activa el Temporizador (SET).

El contenido es automáticamente decrementado por el sistema a intervalos regulares.

Nota: Todos los modelos de FPC incorporan baterías que mantienen el contenido de los Preselectores de Temporizador durante los periodos de desconexión.

Para la utilización de un Temporizador en un programa AWL, se requieren varios pasos básicos:

El estado del Temporizador (activo / detenido) puede verificarse.

Nota: Dependiendo de qué modelo de control se está utilizando, puede o no ser necesario especificar una base de tiempo, así como un valor de temporización.

Consultar el correspondiente manual de hardware del modelo de control que se esté programando. Antes de utilizar cualquier temporizador, el correspondiente Preselector de Temporizador debe inicializarse con un valor correspondiente al periodo de tiempo deseado.

Esta inicialización solamente es necesario realizarla de nuevo si el valor a temporizar debe cambiar. No es necesario recargar el Preselector de Temporizador cada vez que se active el Temporizador.

Los Preselectores de Temporizador pueden cargarse con un valor o bien con el contenido de cualquier MBO (p.ej.: Registros, Input Word, Flag Word, etc.).

Ejemplo: Inicialización de un Preselector de Temporizador con una base de tiempo.

STEP 1			Primero hacemos esto
IF		NOP	Incondicionalmente
	LOAD	V 10	valor 10
	TO	TP 4	hacia el preselector
	WHIT	SEC	base de tiempo = segundos
			El Timer 4 será ahora un temporizador de 10 segundos

Las bases de tiempo disponibles son:

- · HSC centésimas de segundo
- · TSC décimas de segundo
- · SEC segundos
- · MIN minutos

Ejemplo: Inicialización de un Preselector de Temporizador sin una base de tiempo.

STEP 1			Primero hacemos esto
IF		NOP	Incondicionalmente
	LOAD	V 100	valor 100....., al no especificar base de tiempo, esta será de 1 / 100 de segundo
	TO	TP 0	lo que fija el tiempo de T0 en 1 segundo

El ejemplo precedente ha inicializado el Timer 0 para una duración de 1 segundo (100 x 1 / 100 de segundo). La gama válida es de 0-65535, lo que da periodos de tiempo desde 0,01 s hasta 655, 35s (aprox. 10 minutos).

La activación de un temporizador sólo requiere la ejecución de la instrucción SET, especificando qué temporizador debe activarse.

IF		I 2.0	Cualquier condición de marcha
THEN	SET	T 6	activar Timer 6

Siempre que se ejecute la orden SET Tn, sucede lo siguiente:

1.- El valor contenido en TPn (Preselector de Temporizador) es copiado al TWn (Palabra de Temporizador n).

2.- Tn (El estado del Temporizador n) se pone en "1" (activo / funcionando).

3.- El control decrementa automáticamente el valor almacenado en TWn a intervalos regulares.

4.- Cuando el valor almacenado en TWn alcanza 0 (cero), el Tn (estado del temporizador) se pone en "0" (inactivo / detenido).

Nota: Si se ejecuta la instrucción SET Tn, y el Temporizador especificado YA está activo, el temporizador se REINICIALIZARÁ y empezará de NUEVO a contar el periodo de tiempo especificado en TPn.

Interrogación del estado de un temporizador

Para que los temporizadores sean útiles en control de procesos, es necesario saber cuándo ha vencido un tiempo programado. El lenguaje AWL proporciona los medios para interrogar si un temporizador está activo, de la misma forma que se interroga si una entrada está activa.

IF		T 5	Ver si Timer 5 está activo (funciona)
IF		N T 3	Ver si Timer 3 está inactivo (parado)

Paro de un temporizador

Para detener un Temporizador, sólo se requiere ejecutar la orden RESET y especificar qué temporizador debe detenerse.

IF		I 2.0	Entrada para parar el timer
THEN	RESET	T 5	Detener Timer 5

Cuando se ejecuta la instrucción RESET Tn el bit de estado del temporizador (Tn) se pone en "0" (inactivo).

Si el temporizador ya se hallaba inactivo, no se produce ningún efecto.

La siguiente figura ilustra la relación entre el bit de estado del temporizador (Tn), la instrucción SET Tn y RESET Tn, y el periodo de temporización normal.

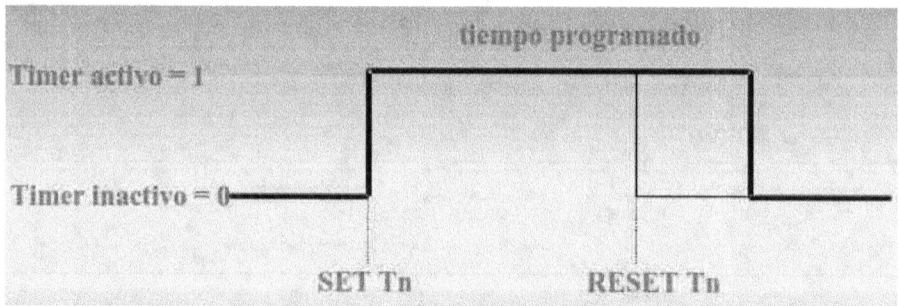

La línea gruesa representa una secuencia normal de temporización en la cual el estado del temporizador se vuelve activo cuando se ejecuta una orden SET Tn y el bit de estado vuelve a inactivo cuando se ha cumplido el periodo de tiempo programado.

La línea fina indica que ejecutando una instrucción RESET Tn, inmediatamente se situará al temporizador en estado inactivo.

Atención: Cuando se desarrollan programas o pasos que contengan varias frases que serán procesadas de forma paralela (exploración / scanning continua), es importante comprender que cada vez que la parte condicional de una frase es evaluada como cierta, las instrucciones programadas en la parte ejecutiva se realizarán.

Esto debe ser considerado para evitar las múltiples ejecuciones de muchas instrucciones como SET TIMER o INC / DEC CW, SHL, etc.

El lenguaje AWL no utiliza el "accionamiento por flancos". Las condiciones son evaluadas cada vez que se procesan, sin tener en cuenta su estado anterior.

Esta situación se resuelve fácilmente utilizando STEPs, Flags u otra forma de control. Los ejemplos siguientes muestran dos posibles formas en las que este aspecto es controlado.

Ejemplos

Retardo de la conexión

Con el flanco positivo de la señal de entrada se activa el temporizador; la salida es activada con un retardo de 0,7 segundos.

El flanco negativo de la señal de entrada cancela la salida inmediatamente.

Si la señal de entrada es emitida durante un tiempo menor a 0, 7 segundos, la salida no llega a activarse.

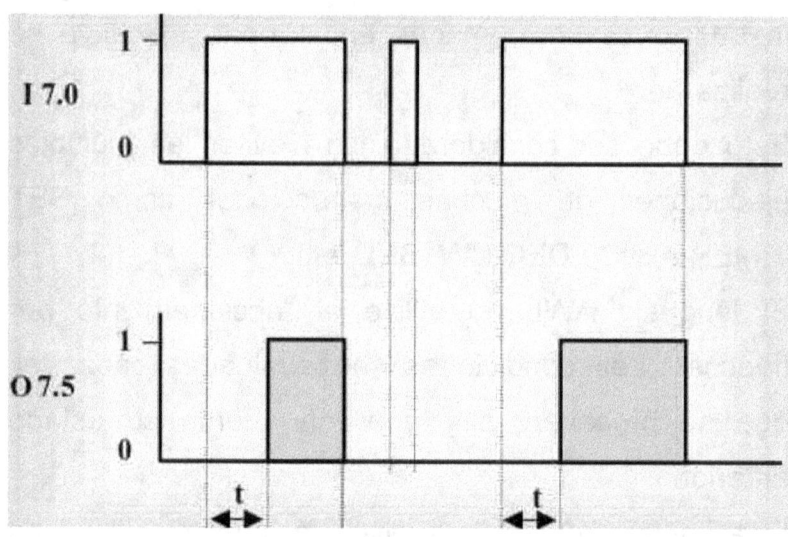

STEP 20			Retardo de arranque
IF		I 7.0	Al accionar entrada 7.0
THEN	LOAD	V 7	Cargar valor fijo
		TP 0	
	WHIT	TSC	0,1 seg.
		T 0	Activar temporizador
STEP 21			
IF	N	I 7.0	Si entrada 7.0 no está activa
THEN	JMP TO	20	regresar al inicio
IF	N	T 0	¿ Tiempo transcurrido ?
	AND	I 7.0	
THEN	SET	O 7.5	
STEP 22			
IF	N	I 7.0	
THEN	RESET	O 7.5	
	JMP TO	20	

A continuación, se indica otro modo de programar un retardo a la conexión. En este caso, mediante un pulsador, se enciende una luz dos segundos después.

Según el planteamiento del problema, la lámpara solo se enciende mientras que se mantiene activado el pulsador. Ello significa que si, por ejemplo, se deja de presionar el pulsador transcurridos 1,5 segundos, la lámpara no se enciende.

El Programa AWL está compuesto de dos pasos.
En el paso 1 se carga el temporizador (carga de la constante 2 en el preselector del temporizador TP0) y simultáneamente se inicia el transcurso del tiempo (activación del temporizador 0). En el paso 2 se produce la consulta del tiempo. Si han transcurrido 2 segundos y sigue recibiéndose la señal 1, se activa la salida. La señal 0 en la entrada cancela la salida. Si este programa AWL es redactado como programa de enlaces lógicos, deberá recurrirse a recordadores.

STEP S1			
IF		I 1.0	
THEN	LOAD	V 2	
	TO	TP 0	Cargar temporizador
	WHIT	SEC	
	SET	T 0	Activar temporizador
STEP S2			
IF		N T0	
	AND	I 1.0	
THEN	SET	O 1.0	Consultar temporizador
IF		N I 1.0	
THEN	RESET	O 1.0	
	JMP TO	S1	

Retardo de la desconexión

Con el flanco positivo de la señal de entrada se activa la salida, y ésta es desactivada con el flanco negativo, aunque sólo después de transcurridos 0,5 segundos.

Ello significa que el flanco negativo activa el temporizador, mientras que éste cancela la salida una vez transcurrido el tiempo.

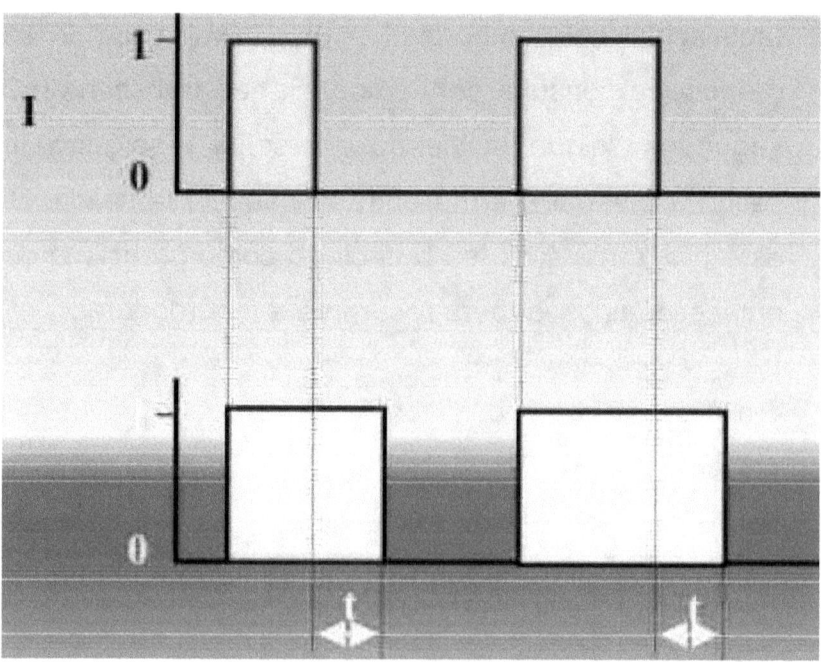

STEP 10			Retardo de desconexión
IF		I 7.0	Al accionar entrada 7.0
THEN		O 7.5	Activar salida 7.5
STEP 11			
IF	N	I 7.0	Si entrada 7.0 no está activa
THEN	LOAD	V 5	Cargar valor fijo
	TO	TP 0	En preselector de temporizador TP0
	WHIT	TSC	0, 1 segundo
	SET	T 0	Activar temporizador 0
STEP 12			
IF	N	T 0	Tiempo transcurrido
THEN	RESET	O 7.5	Desactivar salida 7.5
	JMP TO	10	volver al paso 10

Impulso de temporización

El flanco positivo de la señal de entrada activa la salida. Al mismo tiempo empieza a funcionar el temporizador.

Una vez transcurrido el tiempo (2 minutos), se desactiva la salida.

Sin embargo, si en la entrada se vuelve a recibir la señal "0" antes de que haya transcurrido el tiempo, también se cancela la salida (condición OR en el último paso.

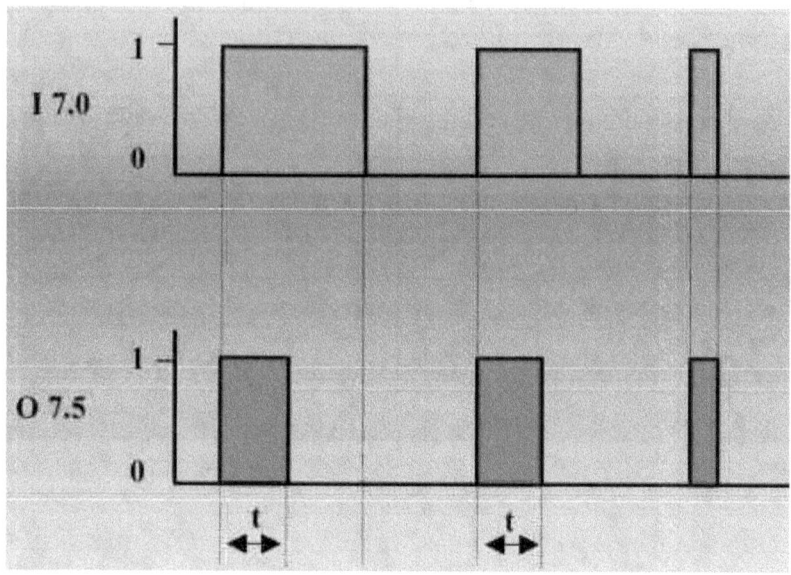

STEP 30			Impulso temporal de arranque
		I 7.0	Al accionar entrada 7.0
	LOAD	V 2	Cargar valor fijo
	TO	TP 0	
	WHIT	MIN	1 minuto
	SET	T 0	Activar temporizador
	SET	O 7.5	Activar salida 7.5
STEP 31			
IF		N T 0	¿ Tiempo transcurrido ?
		N I 7.0	o entrada no activa
	RESET	O 7.5	desactivar salida
	JMP TO	30	y volver al inicio

Impulso de desconexión

La salida es activada con el flanco negativo de la señal de entrada. Al mismo tiempo se pone en funcionamiento el temporizador. Una vez transcurrido el tiempo (14 seg.), se desactiva la salida.

En consecuencia, el flanco positivo de la señal de entrada no provoca acción alguna.

Por esta razón, el programa incluye a continuación una instrucción de salto.

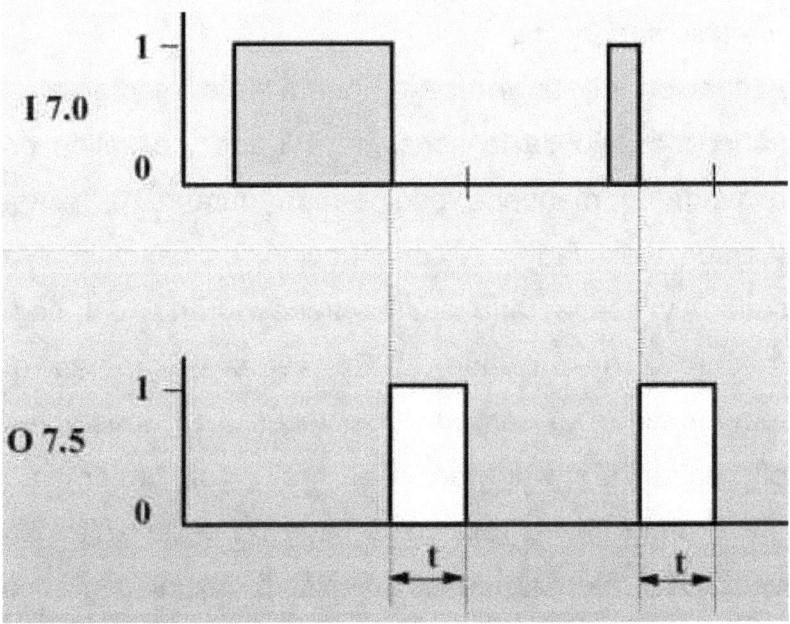

STEP 24				Impulso temporal de desconexión
		I 7.0		Al accionar entrada 7.0
	JMP TO	25		continua en el siguiente paso
STEP 25				
	N	I 7.0		Si entrada 7.0 no está activa
	LOAD	V 14		Cargar valor fijo
	TO	TP 0		En preselector de temporizador TP0
	WHIT	SEC		1 segundo
	SET	T 0		Activar temporizador 0
	SET	O 7.5		Activar salida 7.5
	N	T 0		Tiempo transcurrido
	RESET	O 7.5		Desactivar salida 7.5
	JMP TO	24		volver al paso 24

Impulso secuencial

Activación de un proceso intermitente mediante el flanco positivo de la señal de entrada. La salida es activada, y mantiene ese estado durante 0,2 seg. (tiempo t activado). A continuación, es cancelada la salida, y ese estado se mantiene durante 0,1 seg. (tiempo t desactivado). En estos programas el temporizador es cargado dos veces (con constantes diferentes). Esta operación se repite constantemente en el programa a raíz de la instrucción de salto. La operación intermitente es interrumpida por el flanco negativo de la señal de entrada.

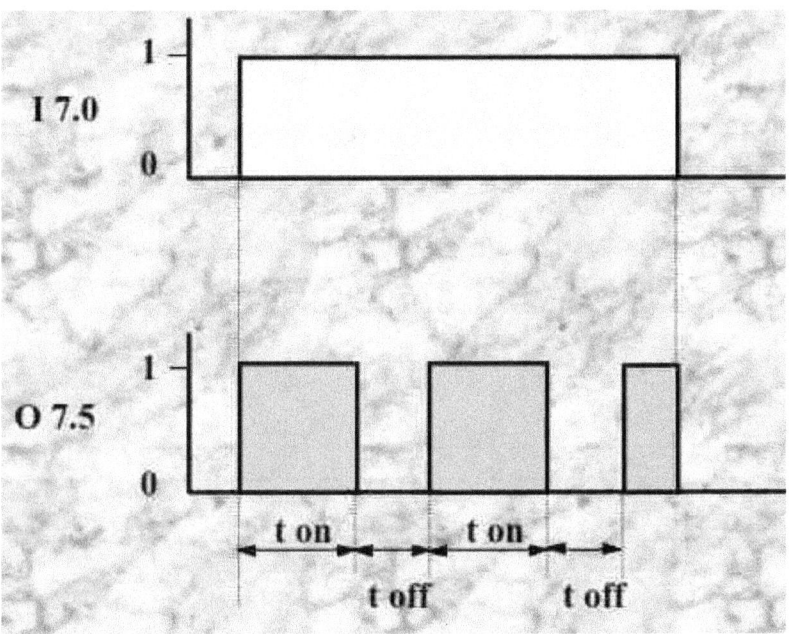

STEP 40			Impulso de paso
IF			Al accionar entrada 7.0
THEN	LOAD		Cargar valor fijo
	TO		
	WHIT		0,01 seg.
	SET		Activar temporizador
	SET		Activar salida 7.5
STEP 41			
IF			¿ Tiempo transcurrido ?
	OR		o entrada no activa
THEN	RESET		desactivar salida
	LOAD	V 10	Cargar valor fijo
	TO	TP 0	
	WHIT	HSC	0,01 seg.
	SET	T 0	Activar temporizador
STEP 42			
IF	N	T 0	¿ Tiempo transcurrido ?
	AND		y entrada activa
THEN		40	ir al paso 40

Luz intermitente

Procedimiento

Tiempos de conexión y desconexión de la luz intermitente:

* 0, 5 seg. Tiempo de DESCONEXIÓN

* 0, 5 seg. Tiempo de CONEXIÓN

Esquema eléctrico

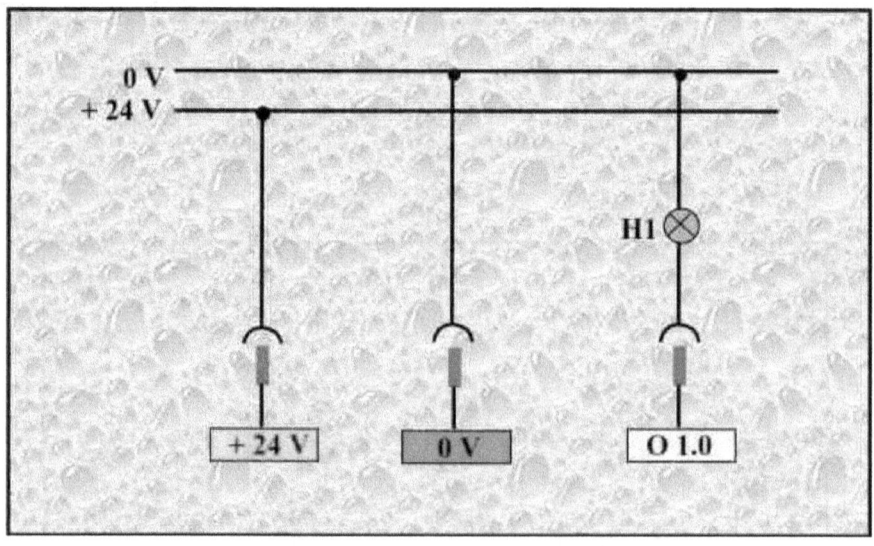

Solamente deberá conectarse la lámpara. En este programa no se toma en cuenta la activación y la desactivación del proceso intermitente con, por ejemplo, un pulsador. La lámpara se enciende intermitentemente después de conectar el mando.

Listado de direcciones			
	Abreviatura	Dirección	Función
	H 1	O 1.0	Lámpara encendida con señal 1
		T 0	

Programa

Esquema eléctrico

0 V

+ 24 V

+ 24 V

La lista de instrucciones está compuesta de 3 pasos:

 Paso 1: Cargar temporizador 0V

Listado de direcciones.

Paso 2: Consultar tiempo / iniciar tiempo y encender lámpara H1

O 1.0

Función

Lámpara encendida con señal 1.

Paso 3: Consultar tiempo / iniciar tiempo y apagar lámpara.

STEP	CARGAR		Cargar Temporizador
THEN	LOAD		5 x 0, 1 seg. , cargar
		TP 0	en preselección de temporizador 0
	WHIT	TSC	
STEP	Lampact		Activar lámpara
IF		N T 0	tiempo transcurrido o no activado
THEN	SET	O 1.0	Activar lámpara
	SET	T 0	Activar tiempo
STEP	Lampdesact		Desactivar lámpara
IF		N T 0	Tiempo transcurrido
THEN	RESET	O 1.0	desactivar lámpara
	SET	T 0	activar tiempo
	JMP TO	Lampact	Salto de retorno

Dado que los tiempos para la CONEXIÓN y la DESCONEXIÓN son iguales, sólo es necesario tener una constante y efectuar un proceso de carga para el temporizador.

En el paso 1 se efectúa la carga del temporizador, el cual entonces puede ser consultado para encender y apagar la lámpara.

El paso 1 no contiene una parte condicional IF porque la lámpara siempre tiene luz intermitente (si está activado el mando).

En los pasos 2 y 3 vuelve a activarse respectivamente el tiempo. La orden de salto procura que el proceso de conexión y desconexión se repita constantemente, es decir, que la lámpara tenga luz intermitente.

La lista de instrucciones también puede escribirse como programa de enlaces lógicos.

En ese caso deberán utilizarse los recordadores de flancos.

Eliminación de rearranques no deseados utilizando la estructura step de AWL.

El siguiente ejemplo muestra una parte del programa en la que se desea poner en marcha un motor durante 3 segundos cada vez que se accione un pulsador, si el motor no está funcionando, y por lo menos después de transcurridos 9 segundos desde que el motor estuvo funcionando por última vez.

En este programa, la situación de que los temporizadores sean continuamente rearrancados, es eliminada combinando la instrucción STEP de AWL con la instrucción N Timer.

STEP 1				
IF			NOP	Inicializar al arranque
THEN	LOAD		V 900	900 x 0,01 seg.
	TO		TP 0	T0 es el tempor. de la segunda pausa
	LOAD		V 300	300 x 0,01 seg.
	TO		TP 2	T2 es el tiempo motor
	SET		T 0	activar tiempo de pausa
STEP 10				
IF		N	T 0	Tiempo 0 vencido
	AND	N	T 2	Tiempo 2 no corre
	AND	N	O 1.0	Motor parado
	AND		I 1.2	Pulsador accionado
THEN	SET		T 2	Activar tiempo 2
	SET		O 1.0	Activar motor
STEP 20				
IF		N	T 2	Tiempo motor vencido
THEN	RESET		O 1.0	Parar el motor
	SET		T 0	Activar tiempo pausa
	JMP TO		10	Volver a empezar

Eliminación de continuos rearranques de temporizadores en procesos paralelos.

Es importante que el programador de AWL comprenda que el bit de estado de un temporizador (p.ej.: T2) puede interrogarse utilizando las instrucciones:

IF		T 2	Esto es cierto si el timer 2 está activo y temporizando
IF	N	T 2	Esto es cierto si el timer 2 no está actualmente activo

Es vital comprender que ninguna de estas instrucciones permite saber si el temporizador 2 ha sido activado y ha terminado.

Por ello, cuando se escriben programas en AWL de forma que pueda haber frases que procesen varios tiempos, deben tomarse precauciones para evitar resultados inesperados.

El siguiente ejemplo presenta una parte de un programa en la que se acciona un pulsador para hacer avanzar un cilindro por un periodo de tiempo preseleccionado.

La lógica utilizada en el programa evitará que se produzcan los problemas que de lo contrario sucederían:

* Manteniendo el pulsador o pulsando y soltando varias veces, dentro del tiempo definido, no se alterará el tiempo programado.

STEP 1			Primero sólo inicializamos
THEN	LOAD	V 0	los temporizadores
	TO	O W 0	Desconectar las salidas
	RESET	F 3.0	Borrar Flag 3.0
	LOAD	V 100	
	TO	TP 0	Inicializar T0 a 1 segundo
STEP 2			Sección principal
IF		I 1.0	Pulsador 1 accionado
	AND	N T 0	y timer 0 parado
	AND	N F 3.0	Flag auxiliar de detección de flanco
THEN	SET	T 0	activar timer 0
	SET	O 1.0	avanzar cilindro
	SET	F 3.0	memorizar flanco ascendente
			del pulsador
IF		N T 0	Timer 0 está inactivo
	AND	O 1.0	cilindro extendido
THEN	RESET	O 1.0	retroceder cilindro
IF		N T 0	Timer 0 inactivo
	AND	F 3.0	y ha habido antes un flanco ascendente
	AND	N I 1.0	pulsador liberado.... flanco descendente
THEN	RESET	F 3.0	
IF		NOP	para mantener la exploración
THEN	JMP TO	2	del paso actual

Programas de enlaces lógicos para la ejecución de funciones de temporizadores

Cuando se efectúa la programación de funciones de temporizadores, es necesario distinguir entre la programación de la duración del tiempo y la programación de las secuencias (del programa). Recurriendo a programas de paso a paso, es fácil programar las secuencias: en el primer paso se carga el tiempo, en el segundo se efectúa la consulta, etc.

Si por el contrario se programa un tiempo en un programa de enlaces lógicos, deberá ponerse cuidado en que las operaciones de carga y consulta del tiempo estén ligadas a condiciones que no pueden cumplirse simultáneamente. (En un programa de enlaces lógicos, todas las condiciones del proceso son leídas prácticamente de modo simultáneo). En consecuencia, se recurre a recordadores de flancos.

Ejemplo: retardo de conexión
En el cuadro se hace una comparación entre un programa de pasos y uno de enlaces.

El ejemplo se refiere a un retardo de conexión simple:

Activación de un pulsador. 2 segundos más tarde se enciende una lámpara.

En el programa de enlaces lógicos se incluye un recordador de flancos (para flancos positivos).

El recordador F 0.0 "bloquea" el pulsador de activación una vez que se cargó el tiempo ("Activa F 0.0 ").

STEP S1			
IF		I 1.0	
THEN	LOAD	V 2	
	TO	TP 0	Cargar Temporizador
	WHIT	SEC	
	SET	T 0	
STEP S2			
IF		N T 0	
	AND	I 1.0	
THEN	SET	O 1.0	Consültar temporizador
IF		N I 1.0	
THEN	RESET	O 1.0	
	JMP TO	S1	

Programa secuencial: retardo de conexión

IF		I 1.0	
	AND	N F 0.0	
THEN	LOAD	V 2	
	TO	TP 0	
	WHIT	SEC	
	SET	T 0	
	SET	F 0.0	
IF		N T 0	
	AND	I 1.0	
	AND	F 0.0	
THEN	SET	O 1.0	
IF		N I 1.0	
THEN	RESET	O 1.0	
	RESET	F 0.0	
	PSE		
OTHRW	PSE		

Programa de enlaces lógicos: retardo de conexión

Ejemplo relacionado a la función de temporizador

Una lámpara deberá encenderse intermitentemente con:

* 0, 5 seg. de tiempo de DESACTIVACIÓN

* 0, 5 seg. de tiempo de ACTIVACIÓN

El programa secuencial consta de 3 pasos: cargar el temporizador, encender la lámpara, apagar la lámpara. La intermitencia está a cargo de una instrucción de salto.

STEP	Start		Cargar Temporizador
THEN	LOAD	V 5	5 x 0, 1 seg , cargar
	TO	TP 0	en preselección de temporizador 0
	WHIT	TSC	
STEP	act.lamp		Activar lámpara
IF		N T 0	tiempo transcurrido o no activado
THEN	SET	O 1.0	Activar lámpara
	SET	T 0	Activar tiempo
STEP	Desact.lamp		Desactivar lámpara
IF		N T 0	Tiempo transcurrido
THEN	RESET	O 1.0	desactivar lámpara
	SET	T 0	activar tiempo
	JMP TO	act.lamp	Salto de retorno

Programa secuencial: intermitente

En el programa de enlaces lógicos se necesita el recordador F 0.0 para saber si ya se cargó el tiempo o no. De esta manera queda excluida la posibilidad de que se encienda o apague la lámpara mientras aún no se haya cargado el tiempo.

IF		N	F 0.0	Recordador de flanco para " c.tiempo "
THEN	SET		F 0.0	Activar recordador
	LOAD		V 5	5 x 0,1 seg., cargar en
	TO		TP 0	preselección de temporizador 0
	WHIT		TSC	
IF			F 0.0	Tiempo está cargado
	AND	N	O 1.0	Salida desactivada
	AND	N	T 0	Tiempo transcurrido o no activado
THEN	SET		O 1.0	Activar lámpara
	SET		T 0	Activar tiempo
IF			F 0.0	Tiempo está cargado
	AND		O 1.0	Salida activada
	AND	N	T 0	Tiempo transcurrido o no activado
THEN	RESET		O 1.0	Desactivar lámpara
	SET		T 0	Activar tiempo
	PSE			
OTHRW	PSE			

Programa de enlaces lógicos: intermitente

Contadores

Generalidades

Existen contadores de hardware y contadores de software. Los contadores de software son parte integrante de la unidad central y tienen estados, valores nominales y valores efectivos. Los contadores de software son cargados a través del programa.

Contadores de hardware

Son submódulos que son conectados al PLC (al igual que los actuadores y sensores).

Ejemplo: un contador electromagnético con preselección. El valor seleccionado es introducido manualmente (cargar el contador). El número preseleccionado puede verse en el visualizador. Asimismo, también se indica el valor efectivo en cada momento. Una vez que el valor efectivo es igual al valor previamente seleccionado, se activa un conjunto de contactos, los cuales se encargan de abrir o cerrar circuitos de corriente.

La reposición del contador puede efectuarse eléctrica o manualmente (con un pulsador respectivo). Sin embargo, se mantiene el valor que se haya seleccionado antes. No obstante, incluso durante el funcionamiento del contador es factible corregir el número preseleccionado.

Contadores rápidos

En muchas operaciones de control es necesario recurrir a contadores rápidos. "Rápido" suele significar en este caso una frecuencia de conteo superior a 50 Hz, lo que equivale al registro de más de 50 operaciones por segundo. Tal función por lo general no se puede solucionar con contadores " normales " de un PLC.

La frecuencia de la operación de conteo está limitada por el retardo de las señales en las entradas.

Todas las señales de entrada (incluyendo también la señal de conteo) es retardada durante un tiempo determinado (de 1 hasta 20 ms.) antes de que pueda ser procesada por el PLC.

De esta manera se evita que interfieran otras señales. Otra limitación estriba en el tiempo de los ciclos de control (es decir, el tiempo que necesita el PLC para ejecutar el programa).

En el mercado suelen ofrecerse submódulos adicionales de contadores rápidos para los PLC.

Las entradas de estos submódulos no tienen retardo de señales o, en todo caso, muy pequeño (puesto que las interferencias se evitan mediante cables aislados).

Estos submódulos de contadores tienen que incorporarse y programarse adicionalmente.

El posicionamiento de piezas en una máquina es un ejemplo de un control con contadores rápidos.

Utilización para submódulos de contadores

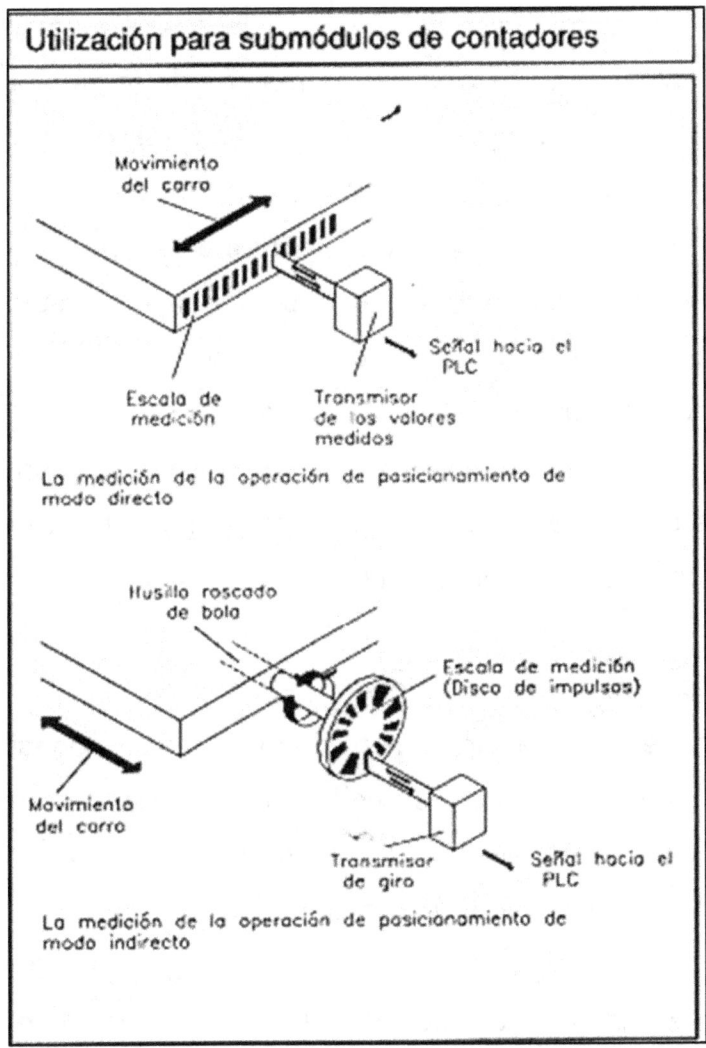

Movimiento del carro

Señal hacia el PLC

Escala de medición

Transmisor de los valores medidos

La medición de la operación de posicionamiento de modo directo

Husillo roscado de bola

Escala de medición (Disco de impulsos)

Movimiento del carro

Transmisor de giro

Señal hacia el PLC

La medición de la operación de posicionamiento de modo indirecto

La medición de la operación de posicionamiento puede realizarse de modo directo o indirecto. En el primer caso, la escala de medición se encuentra montada en una cinta emisora de impulsos, mientras que, en el segundo caso, la escala está en un disco de pulsos. La posición de las marcas de la escala es registrada ópticamente y transmitida mediante una señal eléctrica a la unidad de control. Para que el posicionamiento sea extremadamente preciso y rápido, tendrá que recurrirse a contadores rápidos. En este caso, el sistema de control cuenta la cantidad de marcas de la escala en cada movimiento.

La programación de una función de interrupción es otra posibilidad que se tiene para solucionar este tipo de aplicaciones con un PLC.

Indicación del estado efectivo del contador

Para representar un número de un dígito se necesitan 4 números binarios, es decir, 4 bits, puesto que debe ser posible indicar 10 cifras diferentes (de 0 a 9).

Con este fin se recurre al código BCD.

Los 4 bits permiten la codificación de un total de 16 símbolos. En la codificación BCD se utilizan los primeros 10 símbolos para las cifras 0 hasta 9; los siguientes 5 símbolos ya no se necesitan entonces.

Código BCD	
0000 - 0	
0001 - 1	
0010 - 2	
0011 - 3	
0100 - 4	
0101 - 5	
0110 - 6	
0111 - 7	
1000 - 8	
1001 - 9	
1010	
1011	
1100	Estos números binarios no se
1101	necesitan
1110	
1111	

Para representar las cifras se suelen utilizar visualizadores de 7 segmentos.

La visualización del estado del contador se realiza mediante un programa adicional, ya que es necesario ocupar las salidas del PLC.

Desde dichas salidas se emiten las señales correspondientes al visualizador.

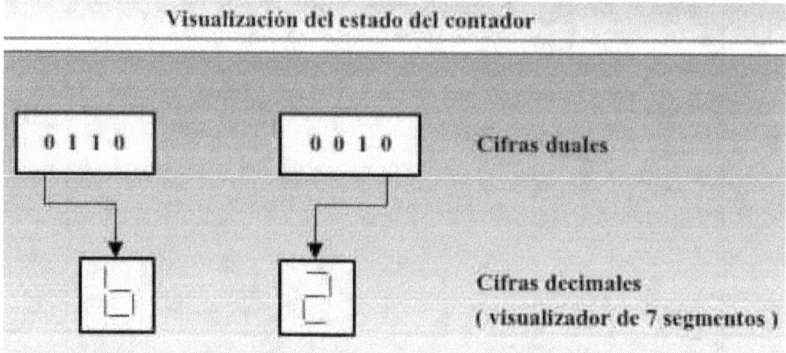

Ejemplo

La figura muestra un ejemplo, en el que la palabra del contador (valor efectivo del contador) está compuesto de 2 bytes (1). En consecuencia, quedan 16 bits para la representación de un número binario. Con 4 cifras del número binario puede representarse una cifra del sistema decimal si se emplea la codificación BCD. Ello significa que con 16 bits pueden representarse los números comprendidos entre 0000 y 9999. Si bien es posible crear números mayores binariamente, éstos no pueden ser representados en el sistema decimal. (El valor efectivo puede abarcar diferentes cantidades de bit, dependiendo del PLC).

Primero, la palabra del contador es cargada en la memoria operativa de la unidad central (2). Allí se procede a la conversión dual-decimal (3). Después de este proceso, los 16 bits están compuestos de 4 unidades de 4 bits cada una (A cada unidad le corresponde una cifra decimal). Con las 8 últimas cifras de la palabra del contador es activada una palabra de salidas (8 salidas). Con esta palabra de salida AW1 se indican los dos valores decimales más bajos (4).

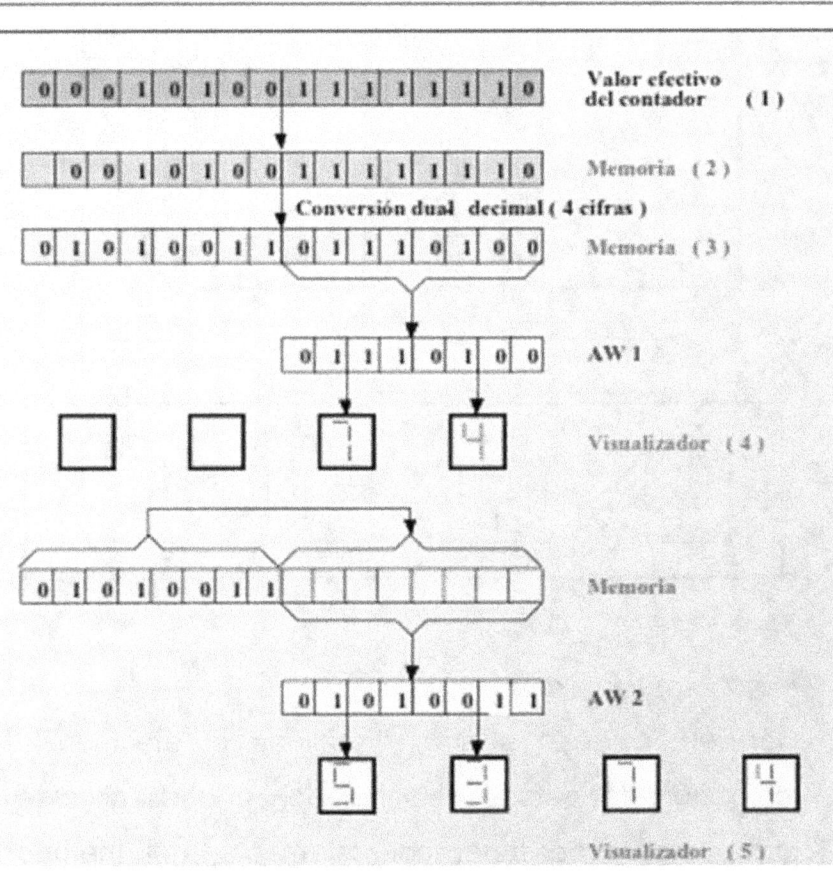

A continuación, las 8 cifras de la palabra del contador son desplazadas hacia la derecha y transformadas en la palabra de salida AW2. Con esta palabra de salida se indican los dos valores decimales más altos (5).

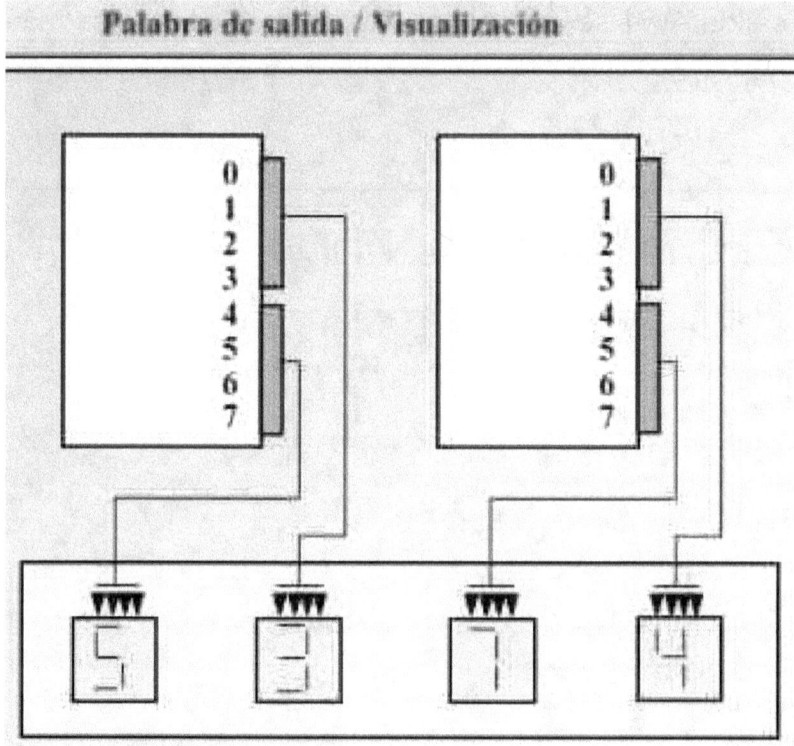

Método multiplexor

Con el fin de " ahorrar " salidas al efectuar la indicación del estado del contador, puede aplicarse otro método: se trata, concretamente, del método multiplexor. Ejemplo: para visualizar un número de cuatro cifras se necesitan sólo 8 salidas (es decir, solamente una palabra de salida). El método normal consumiría 16 salidas.

De las 8 salidas, 4 son utilizadas para la representación de las cifras y 4 para la activación del dígito correspondiente.

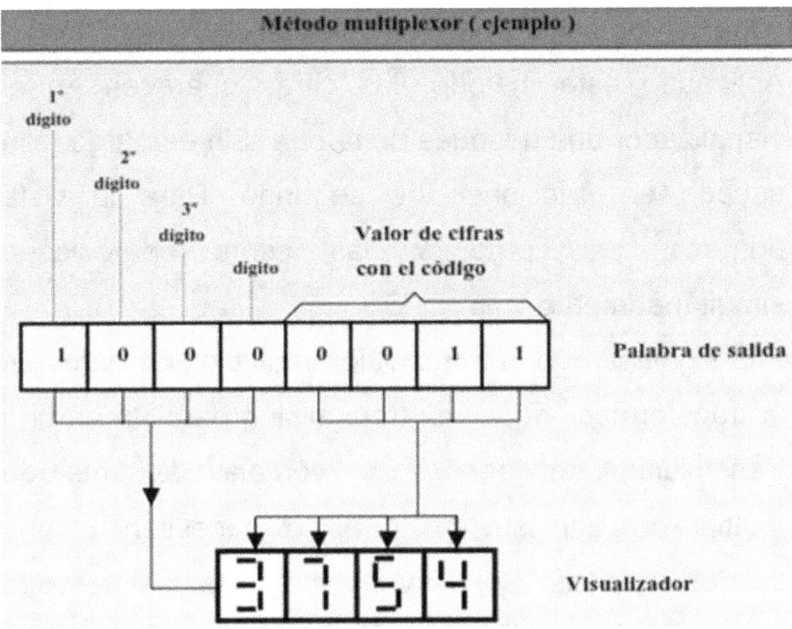

Ello significa lo siguiente: con las 4 últimas salidas se forma primero la última cifra (con el código BCD). Con la cuarta salida se activa el último dígito donde se visualiza dicha cifra. A continuación, nuevamente se recurre a las 4 últimas salidas para formar la penúltima cifra. Con la tercera salida se activa el tercer dígito del visualizador; etc.

De esta manera, el valor correspondiente a la última cifra ya está cancelado en la palabra de salida cuando aparece la penúltima cifra. Este resultado se obtiene mediante el efecto de iluminación retenida o con una conexión de sample-and-hold.

Aplicando este método, las cifras aparecen en el visualizador una después de la otra. Sin embargo, ello sucede en fracciones de segundo. Para la vista humana, es como si las cifras apareciesen simultáneamente.

Ello significa que la transmisión multiplex de datos es la transformación de una transmisión paralela en una transmisión en serie. La ventaja del método multiplexor consiste en que se necesitan menos salidas y líneas. Su desventaja es que se necesita una conexión especial.

Programa para visualizar el estado del contador
En este ejemplo se muestra la palabra del contador cuando éste ha finalizado el conteo, es decir, cuando

el contador ha contado hasta llegar a un valor determinado. El contenido de la palabra del contador igual a "0" es memorizado por la memoria operativa del PLC. A continuación, se produce la transformación de código decimal. Acto seguido, el valor efectivo es transmitido como palabra de salida 5 (hacia el visualizador).

```
IF                          N    C 0
THEN        SET                  O 1.3
            LOAD                 CW 0
            BID
            TO                   OW 5
```

Este programa permite la visualización de valores numéricos entre 00 y 99. (Para 1 dígito se necesitan 4 salidas). La programación de este tipo de visualización de números varía según el PLC. El programa respectivo pude ser parte del programa secuencial.

Funciones de los contadores

Los contadores son utilizados para contar unidades o procesos. En la práctica es frecuente que los controles trabajen con contadores, si, por ejemplo, se desea que un equipo clasificador coloque siempre 10 piezas iguales sobre una cinta transportadora, se necesita un contador. En la mayoría de los PLC, los contadores son unidades electrónicas contenidas en la unidad central. Las tareas de conteo sencillo, así como también la programación de una temporización, pueden solucionarse actualmente con cualquier PLC

Los contadores se rigen por las siguientes magnitudes:

* Valor efectivo

* Valor nominal

* Estado

El valor efectivo indica el estado momentáneo del contador. El valor nominal corresponde al número hasta el cual deberá contar el contador. El valor efectivo y el valor nominal pueden ser cargados en la memoria y se puede recurrir a ellos.

El estado del contador se constata sin importar si el contador ha alcanzado un número

previamente definido o no. Si el contador está en funcionamiento su estado es "1" (lo que significa que está puesta la señal 1). Si el contador ya no está activado, entonces su estado es "0" (es decir que está puesta la señal 0). No obstante, también puede convenirse que el estado 0 y 1 estén invertidos. El estado también puede contener informaciones adicionales; por ejemplo, puede indicar si ha sido rebasado el valor nominal o si se ha rebasado el valor máximo permisible.

El siguiente ejemplo contiene los siguientes parámetros

· Estado 1: Contador en funcionamiento
· Estado 0: Contador detenido

El valor inicial es un número entero y positivo. Este número equivale al valor efectivo del contador.

Dicho valor cambia en función de cada una de las operaciones que se produzcan y que deberán ser contadas. Concretamente, se deducirá una unidad en cada operación (contador de cuenta atrás).

El contador se detiene cuando alcanza el valor nominal 0. En este caso no es necesario definir un valor nominal.

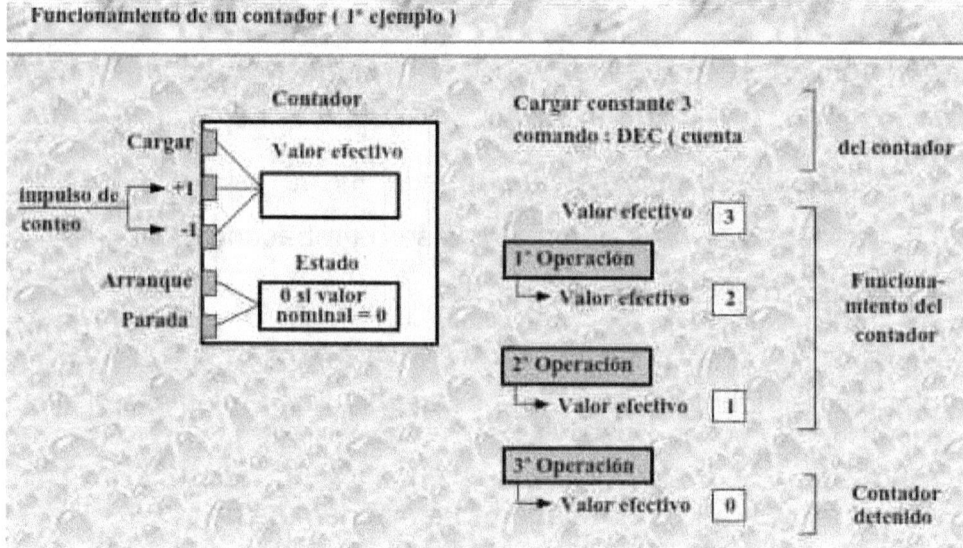

Funcionamiento de un contador (1º ejemplo)

Análogamente puede también obtenerse un contador incremental.

En este caso el valor inicial es un número entero y positivo.

En cada operación se agrega una unidad al valor efectivo.

Si el valor nominal es n, entonces el contador cuenta desde el valor efectivo 0 hasta el valor nominal n.

Ello significa que el contador se detiene cuando el valor efectivo = valor nominal.

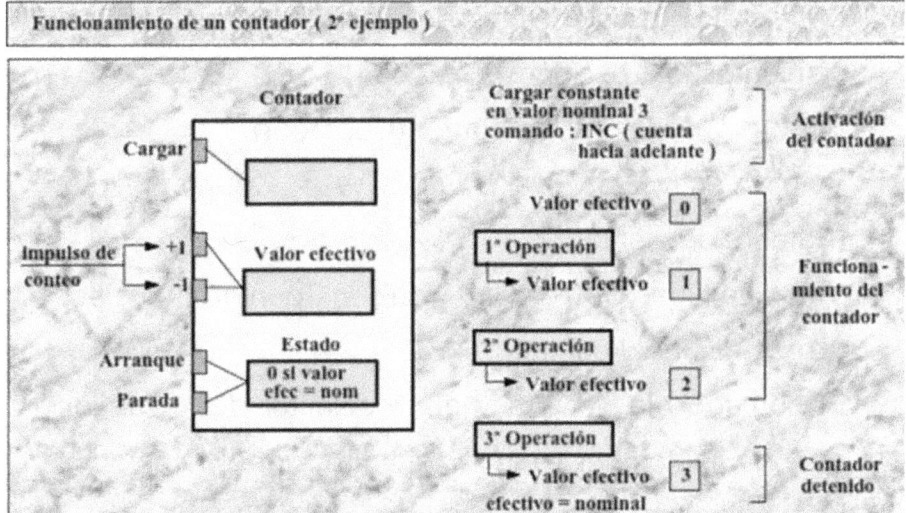

Después de cada operación de conteo (es decir cada vez que el contador agrega una unidad al valor efectivo) se efectúa una comparación entre el valor nominal y el efectivo. En la figura se muestra un ejemplo sencillo de este funcionamiento. También en este caso se aplica lo siguiente:

· Estado 1: Contador en funcionamiento

· Estado 0: Contador detenido

Aplicación

¿Cómo se aplican las funciones del contador en un PLC?

Veamos un ejemplo.

Para definir los elementos del contador se utilizan las siguientes instrucciones (FPC 404).

Estado C0... C15 C = Counter (Contador).

Valor efectivo CW0... CW15 CW = Counter Word (Palabra del contador).

Valor nominal CP0... CP15 CP = Counter Preselect (Preselector del contador).

El contador, la palabra y el preselector del contador que van juntos tienen la misma dirección. El contador 6, por ejemplo, tiene los elementos C6, CW6 y CP6.

La palabra del contador es el número que corresponde al valor vigente en ese momento (valor efectivo). En cada operación cambia el valor efectivo agregando o restando una unidad, según si el conteo es hacia atrás o hacia adelante.

Con el preselector del contador se define un valor nominal para la palabra del contador.

De este modo se dispone básicamente de dos posibilidades para, por ejemplo, efectuar el conteo de 24 operaciones.

El contador cuenta de 24 hasta 0

Como constante se carga 24 en la palabra del contador. Con DEC ("Decrement = conteo hacia atrás") se activa la función. Cuando la palabra del contador llega a 0, se detiene el contador.

Programación en AWL.			
IF		I 1.2	
THEN	LOAD	V 7	
	TO	CW 1	
Cargar constante en la palabra del contador 1			
IF		I 1.6	
THEN	LOAD	V 24	
	TO	CP 8	
Ajustar el preselector del contador 8			
IF		I 1.1	
THEN	INC	CW 0	
Contar hacia adelante en la palabra del contador 0			
IF		I 1.1	
THEN	DEC	CW 5	
Contar hacia atrás en la palabra del contador 5			
IF		C 0	Contador en función
THEN	SET	O 1.2	
IF	N	C 0	Contador detenido
THEN	RESET	O 1.2	
Consultar contador 0 (estado)			
IF		(CW 4 > V 150)	
THEN	SET	O 1.0	
Consultar contador 4 (comparación)			
IF		(CW 1 > CP 1)	
THEN	SET	O 1.1	
Consultar contador 1 (comparación)			

El contador cuenta de 0 hasta 24

Se tiene que cargar la constante 24 en el preselector del contador. La palabra del contador está puesta en 0. Con INC ("Increment = conteo hacia adelante ") se produce el conteo hasta 24. (La constante deberá expresarse mediante un número positivo del sistema decimal). Mediante la consulta del contador (estado) es posible comprobar en el programa si el contador aún está activado (señal 1) o si se ha detenido o si aún no se ha puesto en funcionamiento (señal 0). La consulta del contador también puede efectuarse comparando la palabra del contador con una constante. La palabra y el preselector del contador son unidades que ocupan 16 bits respectivamente. El contador (estado) es una unidad que ocupa un bit.

Programación de una función de contador

En el ejemplo se muestra el programa de una función de contador simple: la salida O1.0 es activada 5 veces.

Cargar el contador

El contador es cargado mediante la señal de entrada proveniente de I 1.3. La palabra del contador CW1 es puesta en el valor efectivo 5. Si se trata de un contador de cuenta atrás, el valor nominal es puesto automáticamente en 1 (por lo que no es necesario activar el preselector del contador CP).

Contar

Las " operaciones " que son contadas equivalen a las señales "1" de la entrada I 1.2. Del valor efectivo de la palabra del contador se resta 1 (DEC: cuenta hacia atrás). Al mismo tiempo se activa la salida O 1.0.

Consulta

A continuación, se procede a la consulta del contador. Si el contador aún está activado,

se repite la operación.

En total, la salida es activada y desactivada cinco veces: salto hacia paso CONTAR. Si el contador se para, se produce un salto hacia el paso CARGAR.

Cuando se efectúa la programación de las funciones de un contador, siempre deberán acatarse los siguientes tres pasos:

   Cargar el contador - Contar - Consultar.

STEP	CARGAR	
IF		I 1.3
THEN	LOAD	V 5
	TO	CW 1
STEP	CONTAR	
IF		I 1.2
THEN	SET	O 1.0
	DEC	CW 1
STEP CON	SULTAR	
IF		C 1
	AND	N I 1.2
THEN	RESET	O 1.0
	JMP TO	CONTAR
IF		N C 1
	AND	N I 1.2
THEN	RESET	O 1.0
	JMP TO	CARGAR

Se sobreentiende que entre estos pasos es posible activar otras salidas adicionales en otros pasos del programa.

Las operaciones de conteo y consulta son repetidas hasta que el contador se para.

Utilización de contadores

Contadores estándar

Cada contador tal y como ha sido implementado en el lenguaje AWL, puede programarse de dos formas diferentes. Primero se describirá el método estándar (generalmente citado como contador INCremental).

Elemento / Operando	Ref.	Función
Counter Bit de estado		Permite a un programa interrogar si un Contador está activo (no ha alcanzado aún su valor). Este bit es cambiado a activo cuando se activa el contador (SET). Cuando se ha alcanzado el número de eventos preseleccionados o si el Contador se ha detenido (RESET) el bit de estado pasa a inactivo
	CPn	Preselector del Contador. Un operando de 16 bits que contiene el valor a contar
Counter Word		Palabra del Contador. Un operando de 16 bits que contiene el valor actual de conteo modificado por las instrucciones INCrementar o DECrementar. Si se ejecuta la instrucción SET Cn la Counter Word es automáticamente puesta a 0 (cero)

Nota: Todos los modelos de FPC incorporan baterías que mantienen el contenido de los Preselectores de Contador, Palabras (Words) y bit de estado, durante los periodos de desconexión

Utilización de Contadores estándar

Un Contador (Counter) estándar es adecuado para contar eventos definidos y realizar una determinada acción cuando se ha alcanzado una cantidad preseleccionada. Los contadores estándar funcionan de la siguiente forma:

El valor a contar es almacenado en el Preselector del Contador (CPn).

El contador es activado (SET Cn), lo que produce:

Poner un valor "0" en la Palabra de Contador (CWn = 0).

Cambiar el bit de estado del Contador a activo (Cn = 1).

El valor actual de conteo puede ser INCrementado o DECrementado.

Cuando el valor actual (CWn) = valor preseleccionado (CPn), el bit de estado del contador (Cn) cambia a inactivo (Cn = 0).

Inicialización de un Preselector de Contador

Antes de utilizar un contador estándar, el correspondiente Preselector de Contador debe ser inicializado con un valor correspondiente al número de eventos a contar. Esta inicialización sólo es preciso hacerla de nuevo si el valor de conteo para otras actividades debe cambiarse. No es necesario recargar el Preselector del Contador cada vez que se active el

Contador. Los Preselectores de Contador pueden cargarse con valores absolutos, o con el contenido de cualquier MBO (p.ej.: Registros, Input Word, Flag Word, etc.).

Ejemplo: Inicialización de un Preselector de Contador con un valor absoluto.

IF		I 1.0	En las condiciones deseadas de carga
THEN	LOAD	V 100	cargamos el valor absoluto 100 como número de eventos a contar
	TO	CP 4	al preselector del contador CP 4

Ejemplo: Inicialización de un Preselector de Contador con un MBO.

IF		I 1.0	En las condiciones deseadas de carga
THEN	LOAD	IW 1	cargamos el valor de la Palabra de Entradas 1
	TO	CP 5	en el Preselector de Contador 5

Por medio de la instrucción DEB podemos utilizar conmutadores rotativos externos BCD para fijar el valor de conteo.

Activación de un Contador

La activación de un contador solamente requiere la ejecución de la instrucción SET, especificando qué contador debe arrancarse.

IF		I 1.2	Condiciones deseadas
THEN	SET	C 2	activar Contador 2

Siempre que se ejecute la orden SET Cn, sucede lo siguiente:

1.- La correspondiente Palabra de Contador (CWn) es cargada con el valor "0".

2.- Cn (El estado del Contador n) se pone en "1" (activo).

Nota: Si se ejecuta una instrucción SET Cn, y el Contador indicado YA está activo, el Contador será REARRANCADO y el valor actual de conteo (en CWn) será puesto de nuevo a "0".

Interrogación del estado de un Contador

Para poder utilizar los contadores de forma comprensible es necesario determinar cuándo se ha alcanzado el valor de preselección.

Conteo de eventos

Una vez que se ha activado el contador (SET), el valor actual es mantenido en la respectiva Palabra de Contador (Counter Word), que es actualizada utilizando las instrucciones INC CWn o DEC CWn.

Parada de un Contador

Un contador puede ser detenido (desactivado) en cualquier momento ejecutando la instrucción RESET Cn. Cuando esto sucede, el bit de estado del Contador (Cn) se pone a "0".

El contenido de la Palabra de Contador (CWn) permanece inalterable.

Atención

Cuando se desarrollan programas o pasos que contengan varias frases que serán procesadas de forma paralela (exploración / scanning continua), es importante comprender que cada vez que la parte condicional de una frase es evaluada como cierta, las instrucciones programadas en la parte ejecutiva se realizarán.

Esto debe ser considerado para evitar las múltiples ejecuciones de muchas instrucciones como SET TIMER o INC / DEC CW, SHL, etc.

El lenguaje AWL no utiliza el "accionamiento por flancos"...Las condiciones son evaluadas cada vez que se procesan, sin tener en cuenta su estado anterior.

Ejemplos

Contadores estándar

El primer ejemplo presentado utiliza un contador estándar junto con la instrucción.

STEP del lenguaje AWL para evitar los incontrolados INCrementos múltiples que se realizarían en los pasos 10 y 15.

Se utiliza un pulsador para iniciar el ciclo de una máquina.

El ciclo activará un transportador y contará las botellas que pasan frente a un sensor.

Una vez que hayan pasado 25 botellas por delante del sensor, el transportador se detiene y un dispositivo posiciona corchos de cierre en cada botella.

Finalmente, todos los corchos son presionados dos veces en las botellas por un tiempo de 1 segundo cada vez.

STEP 1			ARRANQUE
THEN	RESET	C 0	Contador de botellas
	RESET	C 1	Contador de prensados
	RESET	O 1.0	Desactivar transporte
	RESET	O 1.1	Desactivar prensa corchos
	LOAD	V 25	Conteos que debe hacer
	TO	CP 0	el contador 0
	LOAD	V 2	Número de prensadas que debe hacer
	TO	CP 2	el contador 2
	LOAD	V 100	Temporizador 0
	TO	TP 0	al valor de 100 x 0,1 seg.
STEP 5			ESPERA PULSADOR MARCHA
IF		I 1.0	Pulsador de marcha
THEN	SET	C 0	Activar contador
	SET	O 1.0	Arranca transporte
STEP 10			CONTEO DE BOTELLAS
IF		I 1.1	Sensor de botella activo
THEN	INC	CW 0	incrementa contador
STEP 15			¿ HAY 25 BOTELLAS ?
IF		N C 0	Hemos terminado, luego...
THEN	RESET	O 1.0	para transporte
	SET	C 2	activa contador de prensa
	JMP TO	50	salir del bucle de conteo
OTHRW	NOP		sino seguir en paso 20
STEP 20			
IF		N I 1.1	Esperar que la última botella salga del sensor
THEN	JMP TO	10	y seguir contando

STEP 50			CONTADOR 25 BOTELLAS
THEN	SET	O 1.0	Prensar tapones
	SET	T 2	Tiempo de prensado
	INC	CW 2	contar este prensado
STEP 60			ESPERAR 1 SEGUNDO
IF		N T 2	Tiempo vencido
THEN	RESET	O 1.1	desactivar prensado
STEP 70			¿ TERMINADO ?
IF		N C 2	2 veces prensado
THEN	JMP TO	5	volver al paso 5
OTHRW	JMP TO	50	sino, prensar de nuevo

El siguiente ejemplo detalla la utilización de un contador estándar en una sección de programa de exploración / scanning, en la que no se ha utilizado la estructura de STEPs para eludir los incontrolados INCrementos del contador.

Como solución alternativa se ha utilizado un Flag auxiliar.

El programa espera la acción sobre un pulsador y entonces mueve 100 veces un cilindro desde completamente atrás hasta completamente delante.

Sin la utilización del Flag, un programa de exploración (scanning) INCrementaría el contador a cada ciclo de scan del programa, en lugar de hacerlo cada vez que el cilindro avanzara nuevamente.

STEP 1			Inicializar solo la 1ª vez
IF		I 1.0	Pulsador accionado
THEN	LOAD	V 0	Desactivar todas
	TO	OW 1	las salidas
	RESET	F 3.0	Desactivar Flag auxiliar
	LOAD	V 100	
	TO	CP 0	Inicializar contador 0
	SET	C 0	Activar contador 0
STEP 2			Sección principal de exploración
IF		I 1.1	Cilindro detrás
	AND	C 0	Contador activo
	AND	N F 3.0	Detección del flanco
	AND	N O 1.0	válvula cilindro inactiva
THEN	SET	O 1.0	Avanzar cilindro
	SET	F 3.0	listo para otro avance
IF		I 1.2	Cilindro delante
	AND	F 3.0	nuevo flanco
THEN	INC	CW 0	contar el ciclo
	RESET	F 3.0	actualizar control flanco
	RESET	O 1.0	retroceder cilindro
IF		N C 0	realizados 100 ciclos
THEN	JMP TO	1	empezar todo de nuevo

Contadores ascendentes / descendentes

Además de la utilización de los contadores descritos anteriormente (Estándar), el lenguaje AWL también permite al usuario la libre creación de contadores a través de los operandos multibit.

Los llamados contadores Ascendentes / Descendentes pueden realizarse utilizando cualquier Operando Multibit (Flag Words, Registros, etc.). A diferencia de los contadores estándar no es necesario inicializar el preselector, ni existe un determinado bit de estado. Naturalmente, las instrucciones SET / RESET no son aplicables en este contexto. Se requieren los siguientes pasos para utilizar este tipo de conteo:

Inicializar el correspondiente MBO a un valor

El MBO puede ser INCrementado o DECrementado.

Puede ser comparado con un valor u otro MBO.

Ejemplo: Utilización de un Registro como contador.

En el siguiente ej.:

STEP 10			ESPERAR ARRANQUE
IF		I 1.0	Pulsador de marcha
THEN	LOAD	V 100	Piezas buenas a producir
	TO	R 50	El R50 hace las funciones de contador
	SET	O 1.0	Arranca la máquina
STEP 20			CONTROL DE CALIDAD
IF		(I 1.1	Listo para comprobar
	AND	I 2.3)	calidad correcta
THEN	DEC	R 50	1 pieza buena de menos
	JMP TO	30	seguir en el paso 30
IF		(I 1.1	Listo para comprobar
	AND	N I 2.3)	Calidad NO correcta (sensor inactivo)
THEN	NOP		no contar piezas malas
STEP 30			VER SI YA TENEMOS 100 PIEZAS
IF		(R 50	
		= V 0)	Todas las piezas hechas
THEN	RESET	O 1.1	Parar la máquina
	JMP TO	10	regresar al principio
OTHRW	NOP		o si no ha terminado seguir
STEP 40			ESPERAR SALIDA ULTIMA PIEZA
IF		N I 1.1	Sensor de zona de control de calidad liberado
THEN	JMP TO	20	seguir funcionando y verificando

Programas de enlaces lógicos para la ejecución de funciones de contadores y temporizadores

Cuando se efectúa la programación de funciones de temporizadores o de contadores, es necesario distinguir entre la programación de la duración del tiempo y la programación de las secuencias (del programa). Recurriendo a programas de paso a paso, es fácil programar las secuencias: en el primer paso se carga el tiempo, en el segundo se efectúa la consulta, etc.

Si por el contrario se programa un tiempo en un programa de enlaces lógicos, deberá ponerse cuidado en que las operaciones de carga y consulta del tiempo estén ligadas a condiciones que no pueden cumplirse simultáneamente. (En un programa de enlaces lógicos, todas las condiciones del proceso son leídas prácticamente de modo simultáneo). En consecuencia, se recurre a recordadores de flancos.

Ejemplo relacionado a la función de contador

Un cilindro es desplazado por acción de una electroválvula Y1 de reposición por muelle. La posición del cilindro es consultada por los interruptores de final de carrera S1 (posición normal) y

S2 (posición de avance). S3 es el pulsador de activación. Al pulsar S3, el cilindro deberá avanzar 10 veces hasta el final de carrera. Una vez concluidos estos movimientos, deberá activarse nuevamente con S3. El programa secuencial consta de 4 pasos. de esta manera se obtiene un desglose claro de la ejecución del programa. El último paso es una instrucción de salto, ya sea al paso 1 o al paso 2.

STEP	Start		Cargar contador
IF		I 1.2	S3 : Pulsador Start
THEN	LOAD	V 10	Cargar valor efectivo del
	TO	CW 0	contador con 10
STEP	cil.desact.		Avanzar cilindro / reducir C0 en 1
IF		I 1.0	S1 : F.d.c. atrás
THEN	SET	O 1.0	Y1 : avanzar cilindro
	DEC	CW 0	Contador -1
STEP	cil.act.		Retroceder cilindro
IF		I 1.1	S2 : F.d.c. avanzado
THEN	RESET	O 1.0	Y1 : retroceder cilindro
STEP	salto		Interrogación posición del contador
IF		C 0	Valor efectivo mayor que 0
THEN	JMP TO	cil.desact.	continuar con cadencia siguiente
IF		N C 0	Valor efectivo es 0
THEN	JMP TO	Start	continuar con Start

Programa secuencial : contador

El programa de enlaces lógicos necesario para solucionar este problema de control es más complicado. Se necesitan dos recordadores de flancos:

F 0.0 Recordador "activar contador".

F 0.1 Recordador "impulso de conteo".

Cada uno de los recordadores tiene que ser consultado, activado y cancelado.

IF			I 1.2	S3 : Pulsador Start
	AND	N	F 0.0	Recordador "activar contador"
THEN	SET		F 0.0	Activar recordador
	LOAD		V 10	cargar valor nominal con 10
	TO		CW 0	
IF			I 1.0	S1 : cilindro retrocedido
	AND		F 0.0	Recordador activado
	AND	N	F 0.1	Recordador " impulso de conteo "
THEN	SET		F 0.1	Activar recordador
	SET		O 1.0	Y1 : avanzar cilindro
	DEC		CW 0	Contador -1
IF			I 1.1	S2 : cilindro avanzado
	AND		F 0.0	Contador activado
THEN	RESET		O 1.0	Y1 : retroceder cilindro
	RESET		F 0.1	Desactivar recordador
IF		N	C 0	Valor efectivo es igual a "0"
THEN	RESET		F 0.0	Desactivar recordador
	PSE			
OTHRW	PSE			

Programa de enlaces lógicos: Contador

F 0.0 tiene la finalidad de que el control sepa en todo momento si ha sido activada la operación de conteo o no. Este recordador es activado al cargar el contador. En este estado, si se pulsa nuevamente S3 durante la operación de conteo, no sucede nada, puesto que el contador sólo puede ser activado al principio del programa mediante consulta del recordador si dicho recordador aún no ha sido activado. F 0.0 es cancelado solamente al final de programa (cuando ha terminado de contar el contador).

La salida es activada mediante una señal positiva emitida por el interruptor de final de carrera I 1.0, con lo que del valor efectivo de contador se resta 1. Si la señal proveniente de la entrada dura más que la duración del ciclo de programa, es posible que se cuente dos veces.

El segundo recordador de flancos F 0.1 tiene la finalidad de evitar esta situación.

Dicho segundo recordador es activado cuando la operación de conteo se produce una vez.

Cuando el cilindro avanza y llega al final de carrera (señal 1 en I 1.1), se cancela la salida y el cilindro retrocede. Simultáneamente se cancela el recordador de flancos F 0.1

Utilización de registros

Los controles programables FESTO que pueden programarse utilizando el lenguaje AWL, poseen un número de registros de 16 bits.

La cantidad exacta de estos registros varía según el modelo de FPC.

Estos registros son operandos multibit que pueden utilizarse para almacenar números en la gama de:

* 0 - 65535 Enteros sin signo.

* +/- 32767 Enteros con signo.

Si el modelo de FPC utilizado lleva una batería, el contenido de los registros será mantenido durante los periodos de desconexión.

Los registros que no han sido nunca inicializados contendrán un valor aleatorio.

Los Registros (Registers) son generalmente utilizados con la instrucción LOAD TO y en operaciones lógicas multibit.

Los Registros no pueden direccionarse directamente bit a bit. Si se requiere acceder a un determinado bit, será más adecuado utilizar Flag Words.

Los registros también pueden utilizarse para simplificar procesos secuenciales dentro de una sección de programa de exploración simple, como alternativa a la instrucción STEP.

Ejemplos

Utilización de Registros en la parte condicional de una frase

IF			(R 51	Si el contenido del Registro 51
			= V 111)	es igual a 111
			T 7	y el timer 7 funciona
	AND		(R 3	y el Registro 3
			< R 8)	es inferior al Registro 8
THEN				Haz lo programado aquí

Utilización de Registros en la parte ejecutiva de una frase.

IF...				
THEN	LOAD	R 12		
			suma el contenido del Registro 50	
	TO	R 45	y guarda el resultado en el Registro 45	

Flags Y Flag Word

Similitudes con otros operandos multibit

Los Flag Words (o Palabras de Marcas) son, en muchas cosas, idénticos a los Registros. Cada Flag Word contiene 16 bits de información. Cuando son referenciados como unidades de 16 bits (MBO / Multibit Operands), se utiliza el término Flag Word.

Los Flag Word son capaces de almacenar datos numéricos en la gama:

* 0 - 65535 Enteros sin signo

* +/- 32767 Enteros con signo

Si el modelo de FPC utilizado lleva una batería, el contenido de los registros será mantenido durante los periodos de desconexión. Los Flag Word que no han sido nunca inicializados contendrán un valor aleatorio. Los Flag Word difieren de otros operandos multibit en varios puntos importantes.

Diferencias otros operandos multibit

1.- La mayor diferencia entre los Flags Words y los demás operandos multibit tales como Registros, Palabras de Contador, etc. es que cada uno de los 16 bits de que consta un Flag Word puede direccionarse como bit independiente. Por ejemplo, el FPC 202 C contiene 16 Flag Words, direccionados desde FW0 hasta FW15.

También es posible direccionar bits (Flags o Marcas) individuales para cada Flag Word, utilizando la sintaxis:

F (número de Flag Word). número del bit   donde el número de bit está entre 0 y 15.

Por ejemplo, F 7.14 se refiere al bit 14 del FW7. Este sistema de direccionamiento es similar al utilizado con las E / S digitales.

Mientras que los Flag Words pueden utilizarse con cualquier instrucción AWL adecuada para operandos multibit, los Flags individuales sólo son accesibles utilizando instrucciones adecuadas para los operandos monobit.

Los Flags o Marcas, como elementos monobit, son frecuentemente utilizados para memorizar eventos. En este aspecto, son similares a los "relés internos" frecuentemente citados en el lenguaje de Diagrama de Contactos.

2.- Los modelos de FPC que permiten varios módulos de CPU (Multiproceso), permiten que cualquier programa en cualquier CPU pueda acceder a los Flags de cualquier otra CPU. Esto es, cada CPU es capaz de leer desde o escribir hacia los Flags de otra CPU.

Por esta razón, los Flags proporcionan el medio adecuado para intercomunicar datos entre CPUs. En tales sistemas de múltiples CPUs, cada Flag es referenciado como:

FW. número de la CPU. número de Flag Word, Por ejemplo, FW 2.14 se refiere a la Flag Word 14 en la CPU 2.

De la misma forma también es posible direccionar Flags en forma monobit en otras CPUs, extendiendo la sintaxis de direccionamiento:

F. núm. de CPU. núm. de Flag Word. núm. del bit.

Por ejemplo, F0,11,9 se refiere al Flag (o bit, o marca) 9 en el Flag Word 11, de la CPU 0.

Ejemplos

Los Flags individuales (así como los Flag Words) pueden programarse indistintamente en la parte condicional o en la ejecutiva de una frase. En la parte condicional pueden ser interrogados por su estado (0 = inactivo, 1 = activo); mientras que los Flag Words pueden compararse con valores u otros MBOs.

Ejemplos en la parte Condicional

IF		F 1.1	Si el bit 1 de Flag Word 1 está activo
IF		F 2.1	
	N	F 4.0	y el bit o de Flag Word 4 no está activo

Al igual que con los otros operandos monobit o multibit, los Flags pueden combinarse con otros operandos.

IF			(I 3.0	Si la entrada 3.0 es válida
			F 0.0)	y el Flag 0.0 está activo
	OR		(FW 3	o el valor de los 16 bits de Flag Word 3
			= V 500)	
			N T 7	

IF		I 1.1	Si hay la entrada 1.1
THEN	SET	F 2.2	Entonces activa el bit 2 de la Flag Word 2
IF		T 6	Si T6 en la CPU local funciona
THEN	SET	F 3.3	Activa Flag 3.3 para que otra CPU pueda verificar el estado del T6
OTHRW	RESET	F 3.3	sino desactivarlo

En la parte ejecutiva de una frase, los Flag Words pueden utilizarse como fuente o destino de cualquier instrucción multibit.

Registros de desplazamiento

El hecho que los Flag Words sean direccionables en base a palabra o en base a bit, proporciona un método muy adecuado para construir registros de desplazamiento.

Como ejemplo, podríamos necesitar programar una línea de mecanizado en las que las piezas fundidas en bruto se cargan en la estación 0 y se realizan varias operaciones en las siguientes 15 estaciones. La máquina completa transfiere o indexa cada 2 segundos y durante este tiempo una nueva pieza puede o no estar presente en la estación 0...lo cual es detectado por medio de un sensor.

Las estaciones 1-15 no incluyen sensor de pieza, pero deseamos realizar la operación solamente si existe pieza en el útil.

Esto representa una situación ideal en la que es ventajoso utilizar un registro de desplazamiento.

Utilizaremos el Flag Word 6 para guardar información de qué estaciones contienen pieza a mecanizar.

La instrucción Shift Left (SHL) la utilizaremos para desplazar los bits en el Flag Word 6. También se utilizan las siguientes I / O.

Input 1.0 Pulsador de marcha

Input 1.1 Sensor de pieza en estación 0

Input 2.2 Transferencia realizada

Output 2.0 Activa línea de mecanizado

Outputs 1.0... 1.15 Controla las operaciones de mecanizado de las estaciones 0...15, respectivamente.

STEP 10			ARRANQUE
IF		I 1.0	Pulsador de marcha
	AND	I 2.2	Línea transferida
THEN	LOAD	V 200	2 segundos el preselector
	TO	TP 0	del timer 0
	LOAD	V 0	asumimos nueva producción, ninguna
	TO	FW 6	pieza en las estaciones
STEP 15			ESPERAR HASTA QUE HAYA ALGUNA PIEZA DISPUESTA
IF		I 1.1	Pieza encontrada en estación 1
THEN	SET	F 6.0	memorizarlo
IF		(FW 6	Hay alguna pieza
		> V 0)	a procesar
THEN	LOAD	FW 6	activar motores de mecanizado
	TO	OW 1	en las estaciones con pieza
	SET	T 0	iniciar proceso de temporización
STEP 20			¿ TIEMPO DE MECANIZADO TERMINADO ?
IF		N T 0	Tiempo vencido
THEN	LOAD	V 0	desconectar todos los motores
	SET	O 2.0	e iniciar la transferencia de la línea
STEP 25			ESPERAR A QUE EMPIECE LA TRANSFERENCIA
IF		N I 2.2	Ya ha empezado a transferir
THEN	LOAD	FW 6	cargar los estados de las estaciones
	SHL		desplazar los bits que coinciden con las piezas
	TO	FW 6	y guardarlos de nuevo
STEP 30			¿ HA TERMINADO LA TRANSFERENCIA ?
IF		I 2.2	Nuevo punto de indexación
THEN	RESET	O 2.0	Parar el motor de indexación
	JMP TO	15	regresar al paso 15 para seguir

Acceso a las entradas y salidas

Organización de las E/S (I/O)

Los controles programables Festo organizan las Entradas y Salidas en grupos denominados Word (palabras).

Dependiendo del modelo de FPC (o del grupo de I/O para los sistemas modulares) cada grupo de I/O consiste en 8 o 16 entradas o salidas discretas.

Palabras de E/S (I/O WORDS)

Estos grupos completos de palabras son referenciados por su tipo (Input o bien Output y la dirección de la Word n).

Esta dirección es un número generalmente asignado en los controles pequeños y configurable (por conmutadores) en los sistemas modulares.

Las Input Words se referencian con IWn, mientras que las Output Words se nombran como OWn.

Ejemplos

IW 1	Input Word 1	Palabra de Entradas 1
IW 7	Input Word 7	Palabra de Entradas 7
OW 0	Output Word 0	Palabra de Salidas 0
OW 2	Output Word 2	Palabra de Salidas 2

Debe observarse que cada Input u Output dentro de un sistema debe tener un único número de dirección. O lo que es lo mismo: no se permiten direcciones duplicadas en un mismo sistema.

Sin embargo, es generalmente aceptable para un sistema, incluir una Input Word con la misma dirección que una Output Word (p.ej.: IW1 y OW1).

Entradas discretas de I/O

Las entradas y salidas contenidas en cada grupo de I/O se referencian especificando:

El tipo de I/O (I o O) + El número de dirección de la Word (n) + ". " seguido por el número particular de la etapa I/O (Sn).

Los números de etapa son 0 - 7 o 0 - 15 dependiendo del grupo de I/O.

Por ejemplo

I3.2 Etapa 2 de la palabra de entradas 3.

I0.15 Etapa 15 de la palabra de entradas 0.

O2.7 Etapa 7 de la palabra de salidas 2.

O0.0 Etapa 0 de la palabra de salidas 0.

Uso de entradas en programas

Las Inputs (o Entradas) son elementos del sistema de control que están diseñados solamente para ser leídas o interrogadas. Es decir, están conectadas a dispositivos externos, tales como sensores, interruptores, etc. que pueden o no emitir señal a una determinada entrada.

Entradas discretas

Ejecutando las instrucciones adecuadas en AWL, dentro de la parte Condicional de una frase, el control puede determinar el estado actual de una entrada discreta.

| IF | I 1.1 | Comprueba si hay señal válida en la entrada I 1.1 |
| IF | N 13.3 | Comprueba si hay señal falsa en la entrada I 3.3 |

Pueden enlazarse en diversas combinaciones lógicas entradas múltiples, así como otras condiciones.

Palabras de entrada (Input Words)

A veces es necesario o deseable comprobar el estado de palabras completas de entrada.

Para determinar el estado de una palabra de entrada completa, es necesario leer el valor de la palabra entera y determinar si se ajusta al criterio deseado.

Por ejemplo, para determinar si todas las 8 entradas de la Input Word 2 están recibiendo señales válidas, podríamos enlazar en AND cada una de las entradas:

IF		I 2.0	
	AND	I 2.1	entradas de una palabra
	AND	I 2.2	de entradas de 8 bits,
	AND	I 2.3	
	AND	I 2.4	
	AND	I 2.5	
	AND	I 2.6	
	AND	I 2.7	

o utilizando la capacidad del lenguaje AWL, evaluar por palabras enteras utilizando el programa:

IF	(I W 2	Comprobar si las 8 entradas
	= V 255)	son = 255 (11111111 binario)

Verificaciones más complejas, que normalmente requerirían largas frases si se programaran bit a bit, se realizan fácilmente utilizando las Input Words combinadas con otras instrucciones lógicas.

Para verificar si una o más de las entradas I1.5, I1.6, I1.7 están activas, puede realizarse con:

IF			
	AND	(I W I V 224) >V 31	Primero obtener la palabra = (11100000 en binario) si el resultado es mayor de 31, por lo menos hay una entrada activa

Lo cual es equivalente a:

IF		I 1.5
	OR	I 1.6
	OR	I 1.7

Uso de salidas en programas

Las Outputs (o Salidas) de un control programable pueden utilizarse para controlar varios tipos de dispositivos eléctricos por medio de instrucciones de programa que pueden activar (SET) o desactivar (RESET) las pertinentes salidas.

Nota: Mientras que las entradas sólo pueden ser leídas (interrogadas), las salidas pueden ser "escritas" (SET o RESET) y pueden también ser interrogadas igual que las entradas.

Por ello las referencias a salidas pueden aparecer indistintamente en la parte Condicional o en la Ejecutiva de una frase AWL.

Salidas discretas

Ejecutando la instrucción AWL adecuada en la parte Ejecutiva de una frase, el control puede conmutar una determinada salida a ON (activarla) o a OFF (desactivarla).

IF			Siempre que se cumplan las condiciones
THEN	SET	O 1.2	activa la salida 1.2
	RESET	O 3.3	desactiva la salida 3.3

La instrucción SET se utiliza para conectar una salida (ponerla en ON), mientras que RESET se utiliza para desactivarla (ponerla en OFF).

Activar una salida que ya está activa, o desactivar una que ya está inactiva, no produce ningún efecto.

Como se ha visto, las salidas también pueden ser interrogadas en la parte condicional.

La siguiente frase comprueba si la entrada I 2.4 está recibiendo señal y si la salida O 2.2 está actualmente activa.

IF		I 2.4	Entrada I 2.4 activa
	AND	O 2.2	Y salida O 2.2 está en ON
THEN......			realizar acciones

Palabras de Salida (Output Words)

A veces puede ser deseable o necesario, verificar o alterar el estado de una palabra de salidas. De la misma forma que las entradas pueden ser manipuladas en base a un grupo o word, también lo pueden ser las salidas.

Por ejemplo, la frase:

THEN	LOAD	V 0
	TO	OW 2

Producirá que todas las salidas asociadas a la palabra de salidas 2, sean desactivadas.

Detección de flancos

Flancos

Las señales que provienen de sensores y llegan a las entradas son interpretadas por la unidad central del PLC como señales "0" o "1". La duración de las señales "1" y "0" es definida por el sensor. Por ejemplo: mientras que se actúa un pulsador, se emite la señal "1"; cuando se deja de actuar sobre el pulsador, el PLC recibe una señal "0". Sin embargo, en muchos casos no tiene relevancia la señal misma, sino más bien el momento en que la señal cambia. Tal cambio es denominado un flanco.

Para entender más fácilmente el significado de un flanco, piénsese en un interruptor (pulsador) de una luz. En ese caso, la evaluación del flanco se efectúa de modo mecánico. Actuando sobre el pulsador se enciende la luz (independientemente del tiempo que se actúe sobre el pulsador). Si entretanto se dejó de actuar sobre el pulsador, puede volver a apagarse la luz actuando nuevamente sobre el pulsador.

Un PLC también tiene que registrar el momento en que la señal de entrada cambia de "0" a "1", puesto que cada vez que se actúa sobre el pulsador sólo deberá activarse una única reacción, (independientemente de la duración de la señal "1").

De este modo se evita una ejecución repetida de una orden controlada por el PLC en caso de que se actúe demasiado tiempo sobre un pulsador. Los flancos de la señal de entrada son evaluados por un programa

Flancos positivos y negativos

Todas las señales binarias tienen flancos positivos y negativos:

Los flancos positivos o ascendentes marcan el momento en el que se produce el cambio de señal de "0" a "1". Los flancos negativos o descendentes marcan el momento en el que se produce el cambio de señal de "1" a "0".

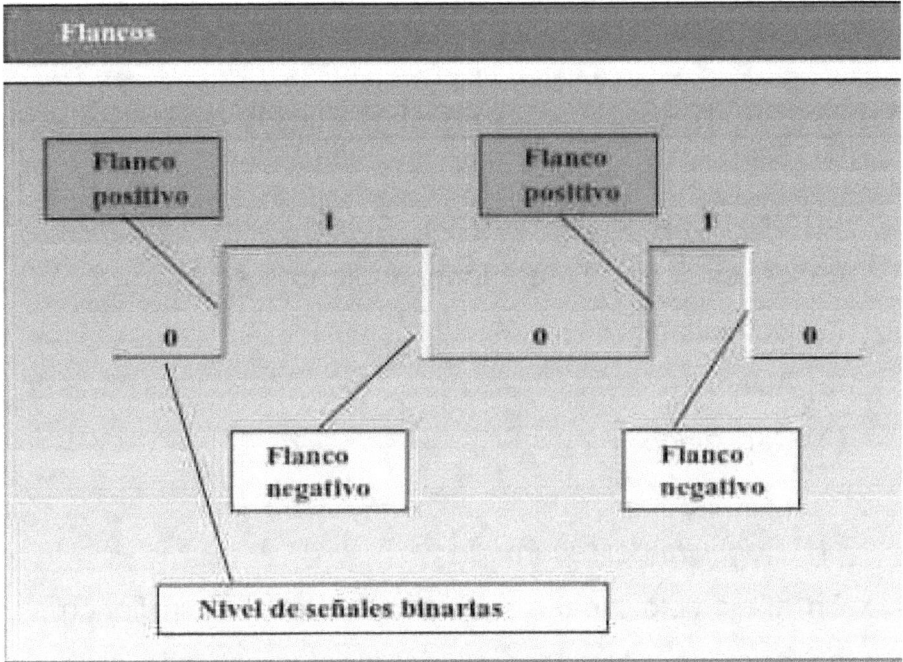

Recordador de flancos

Tratándose de programas con enlaces lógicos, los flancos son evaluados mediante recordadores de flancos. En el ejemplo que se ofrece a continuación, los flancos positivos (cambio de señal 0 a 1) son registrados por el recordador.

IF		I 1.0	
	AND	N F 0.0	Consultar recordador (1)
THEN	SET	F 0.0	Activar recordador (2)
...	...	...	
...	...	...	Disparo de la función
...	...	...	
IF		N I 1.0	
THEN	RESET	F 0.0	Cancelar recordador

En el programa, los flancos son detectados en tres pasos; es decir, el recordador de flancos es:

(1) Consultado

(2) Activado

(3) Cancelado

(1) Consulta del recordador

En el ejemplo (véase programa) se evalúa un flanco positivo. El recordador no debe estar activado si la entrada I 1.0 recibe una señal positiva.

(2) Activación del recordador

El recordador registra el flanco positivo (cambio de señal 0 a 1 en la entrada I 1.0). A continuación, se activan determinadas funciones en el programa, ya sea activando determinados actuadores o una temporización (el ejemplo no contiene estas funciones).

(3) Cancelación del recordador

Cuando ya no se registra la señal 1 en E 1.0 se produce la cancelación del recordador.

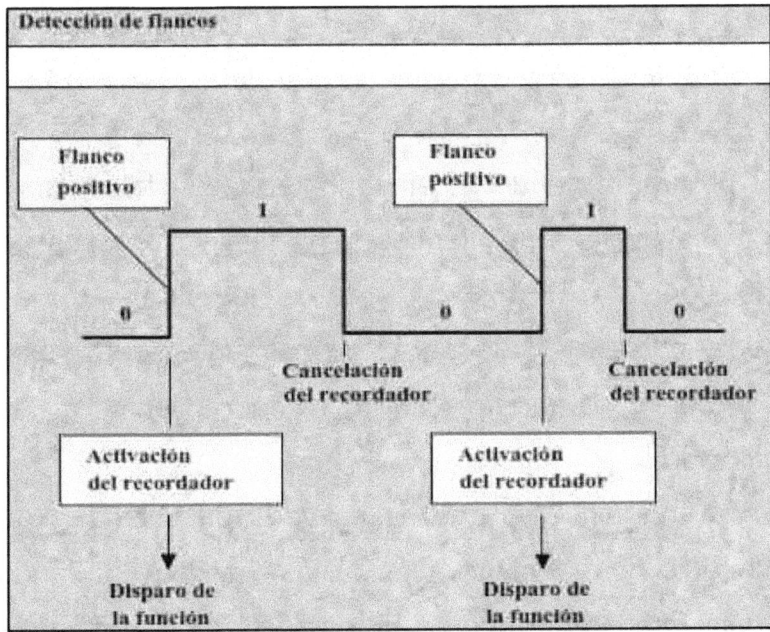

De este modo se cumple con la condición necesaria para repetir la consulta (1).

La evaluación solamente se refiere al flanco, independientemente de la duración de la señal, puesto que antes de volverse a activar el recordador de flancos (2) es necesario que la entrada haya recibido señal "0". De este modo queda cancelado el recordador (3). Esta circunstancia explica el porqué de la consulta en (1). Si el recordador ha sido activado y la entrada sigue recibiendo la señal "1", ello no incide en los actuadores puesto que no se ha cumplido la condición para (2).

Programación de la evaluación de flancos positivos y negativos

El programa puede estar configurado de tal manera que se evalúen los flancos positivos o negativos de las señales. Uno y otro caso dependen de las conexiones del sensor (normalmente cerrado / normalmente abierto) y de la forma en que es utilizado.

En el momento en que es activado un pulsador (de contacto normalmente abierto), éste origina un flanco positivo, mientras que en el momento en que deja de ser activado produce un flanco negativo.

La elección de la programación de flancos positivos o negativos depende, a fin de cuentas, del significado que ha de tener la señal durante los ciclos.

Flanco positivo: Activación del recordador si la entrada recibe señal 1. Cancelación del recordador si la entrada recibe una señal 0.

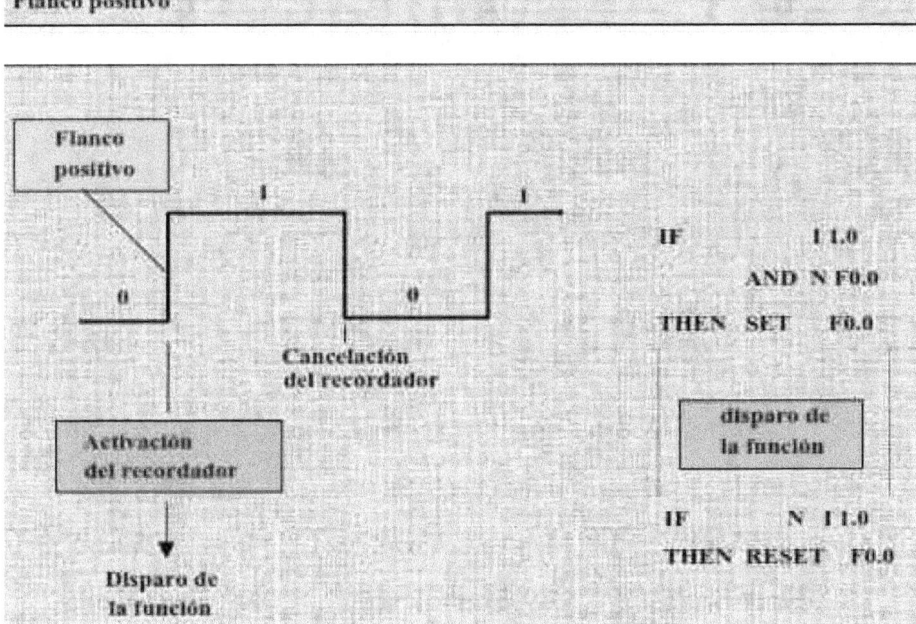

Flanco negativo: Activación del recordador si la entrada recibe señal 0. Cancelación del recordador si la entrada recibe una señal 1.

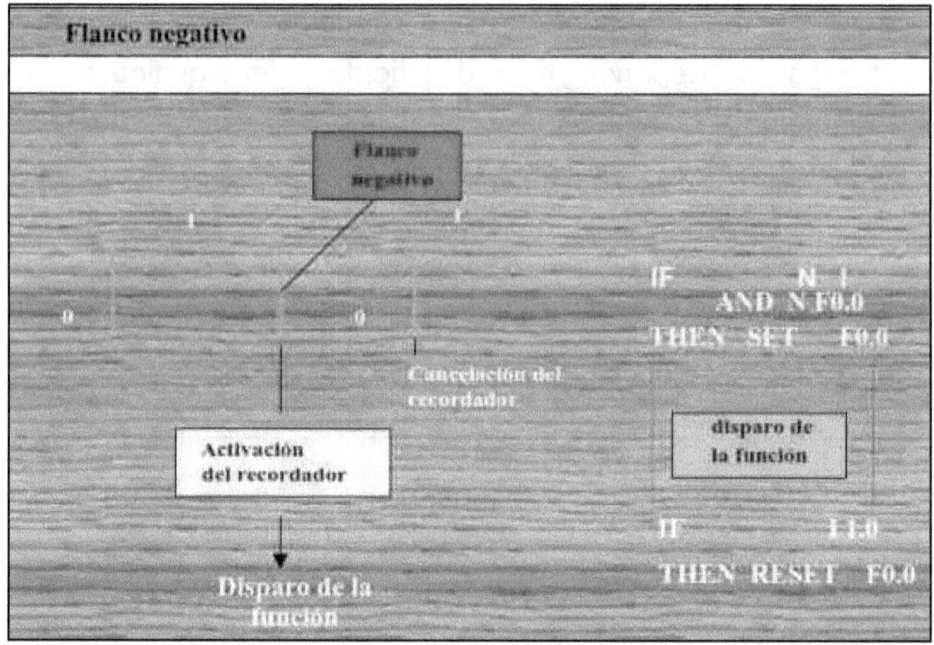

Multitarea

Funcionamiento automático y manual

Bajo el concepto de multitarea se entiende la ejecución " concurrente " de varias tareas (trabajos, programas). Con ese fin es necesario disponer de un sistema operativo apropiado, que se encargue de administrar los programas parciales con la técnica de programas parciales. Ello significa que un programa puede estar compuesto de varias partes, conformando cada una de ellas un programa parcial.

Estos programas parciales tienen diversas funciones. Ventajas: estructura más clara del programa y menor duración de los ciclos.

Ejemplo

Un programa complejo deberá poder ejecutarse tanto en funcionamiento automático como también en funcionamiento manual. Básicamente se trata de dos tipos de programas totalmente diferentes. "Automático" suele ser un programa secuencial, mientras que " Manual " es un programa de enlaces lógicos.

Multitarea (ejemplo 1)

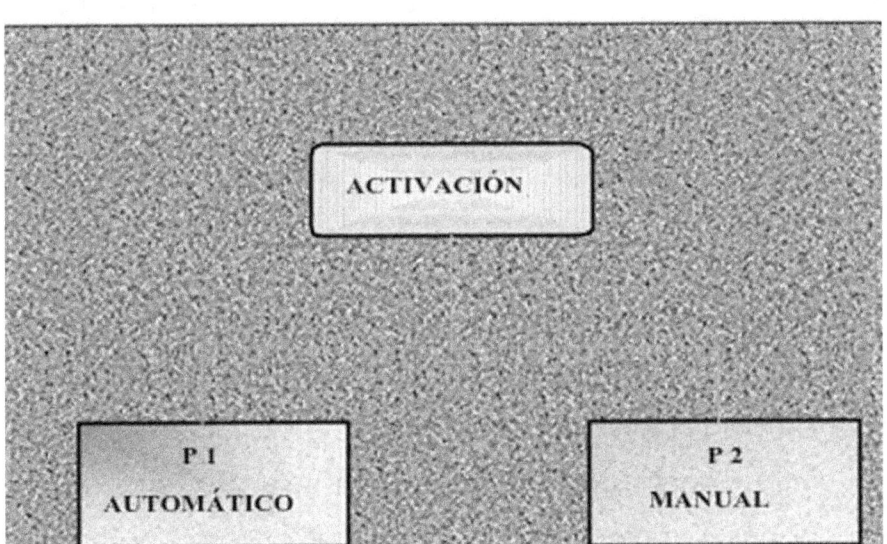

Funcionamiento manual significa que las funciones del mando son activadas directamente por el operario (a través de las entradas). No obstante, tienen que cumplirse determinadas condiciones. El programa no es ejecutado automáticamente. Tratándose, por el contrario, de un programa de funcionamiento automático, la ejecución del mismo se produce sin intervención del operario (una vez que éste lo haya activado). Estos programas van unidos puesto que tienen la finalidad de ejecutar la misma función de control. En consecuencia, "manual" y "automático" son funciones de control. Al efectuarse la programación se obtendrían dos programas parciales que pueden ser, por ejemplo, los siguientes:

·   Programa 1: Automático
·   Programa 2: Manual

La técnica de programas parciales evidentemente es ventajosa en este caso, puesto que las dos funciones "manual" y "automático" nunca pueden ejecutarse al mismo tiempo. No obstante, si se optase por confeccionar ambas partes en un solo programa, su ejecución demoraría demasiado y el programa tendría una estructura poco clara.

Funciones

El método de multitarea permite efectuar cómodamente la programación de varias funciones. Tratándose de funciones de control complicadas, esta forma de programación resulta indispensable (también por razones de seguridad). Estos programas también son denominados programas paralelos, ya que, aparte del programa automático, en todo momento puede recurrirse a cualquiera de los demás programas. En un programa de organización tienen que estar definidas las siguientes funciones:

* Cómo cambiar de función.

* Cómo reaccionará el PLC si se activa el paro de emergencia.

Cuando se pone en marcha el PLC, automáticamente es activado el programa de organización; a partir de él se recurre a uno de los programas parciales.

Ejemplo

P0: Programa de organización.

P1: Automático (ciclo simple / ciclo continuo).

P2: Manual.

P3: Reposición.

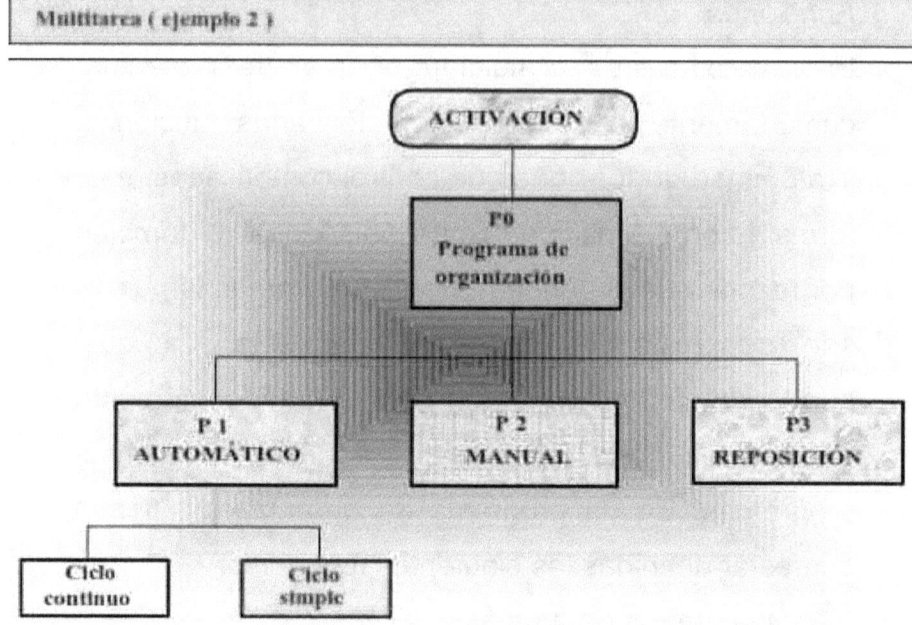

Multitarea (ejemplo 2)

Ciclo simple: Si está activada esta función, el programa es ejecutado desde el primer hasta el último paso. Entonces concluye el programa y puede ser activado nuevamente por el operario.

Ciclo continuo: En realidad, este es el programa principal propiamente dicho. Se ejecutan varios ciclos hasta que se alcanza un determinado estado final en el programa. Con excepción de las funciones de activación y desactivación, el programa no es influenciado por el operario.

Reposición: La máquina es puesta en su posición normal mediante un sensor (pulsador). Este estado suele ser indicado, además, por un diodo luminoso. Esta función es importante tratándose de máquinas complicadas, especialmente si durante la ejecución automática de programa ocurrió un fallo.

Realización con orden de salto (recuperación de subprogramas)

No todos los PLC permiten la ejecución de una multitarea con programas parciales. No obstante, para aun así ejecutar rápidamente programas largos, puede efectuarse la programación de órdenes de salto o, también, puede aplicarse la técnica de subprogramas.

Órdenes de salto / Órdenes de salto hacia atrás

Si es necesario recurrir varias veces a una parte determinada de un programa, deberá incluirse una orden de salto en las partes respectivas (es decir en aquellas en las que deberá activarse el programa parcial correspondiente). Antes de la orden de salto deberá incluirse un recordador con el fin de que al terminarse de ejecutar el programa parcial se vuelva a la orden inicial.

Dicho recordador es consultado en el programa parcial.

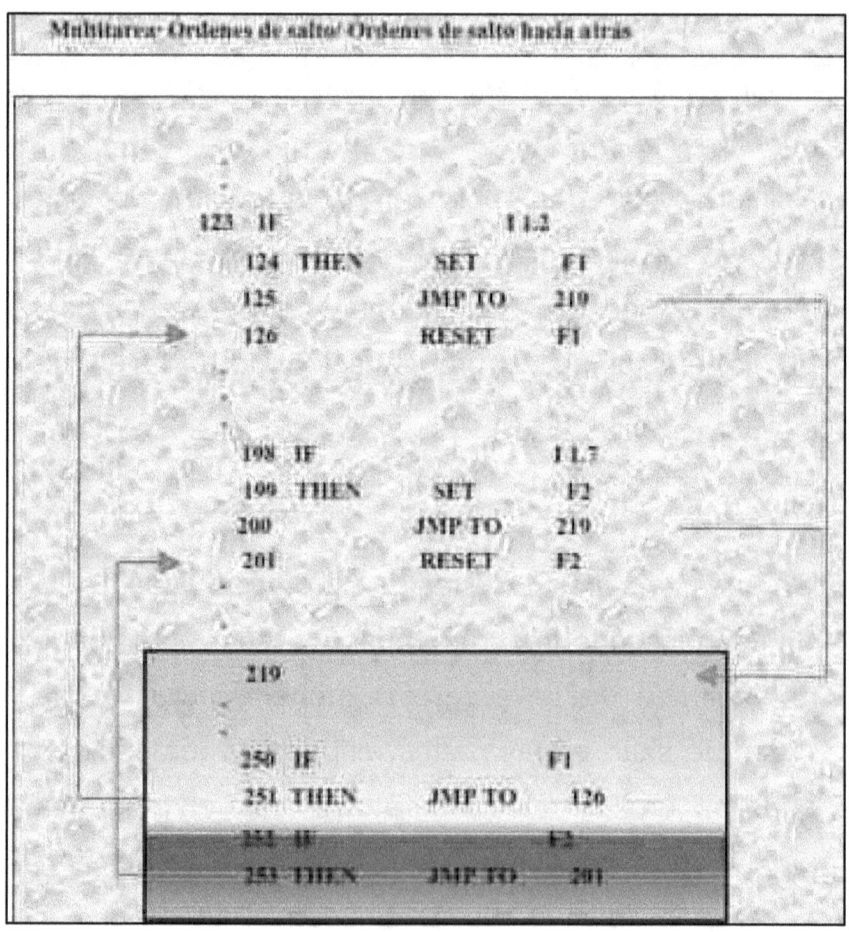

Después de la orden de salto hacia atrás es cancelado el recordador.

Para cada orden de salto deberá preverse la activación y posterior cancelación de un Recordador.

Orden de salto con retorno automático (recuperación de subprograma).

Esta solución es más cómoda puesto que no es necesario programar recordadores.

El salto hacia atrás automático significa lo siguiente: la unidad central memoriza la dirección en la que se produce el salto y suma 1 (después de ejecutar la orden ATRÁS) a dicha dirección.

Entonces, ésta es la dirección de instrucción actual, lo que significa que la ejecución del programa principal continúa en el lugar del salto.

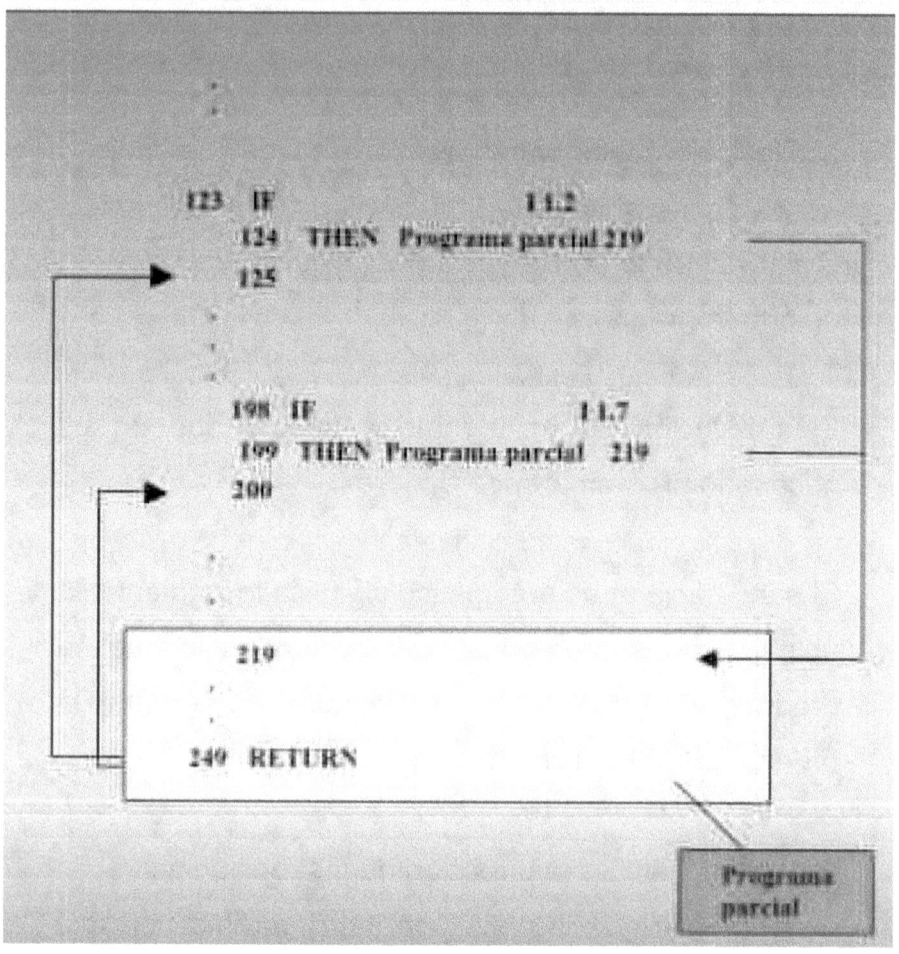

En las figuras se muestran ejemplos (teóricos) que se refieren a ambos casos. La programación exacta de las órdenes de saltos varía según el PLC.

Los dos siguientes ejemplos muestran otras posibles soluciones.

Diversos PLC son capaces de recurrir a más subprogramas contenidos en subprogramas (en este caso, se trata de subprogramas relacionados entre sí).

También es posible recuperar un subprograma de subprogramas iguales.

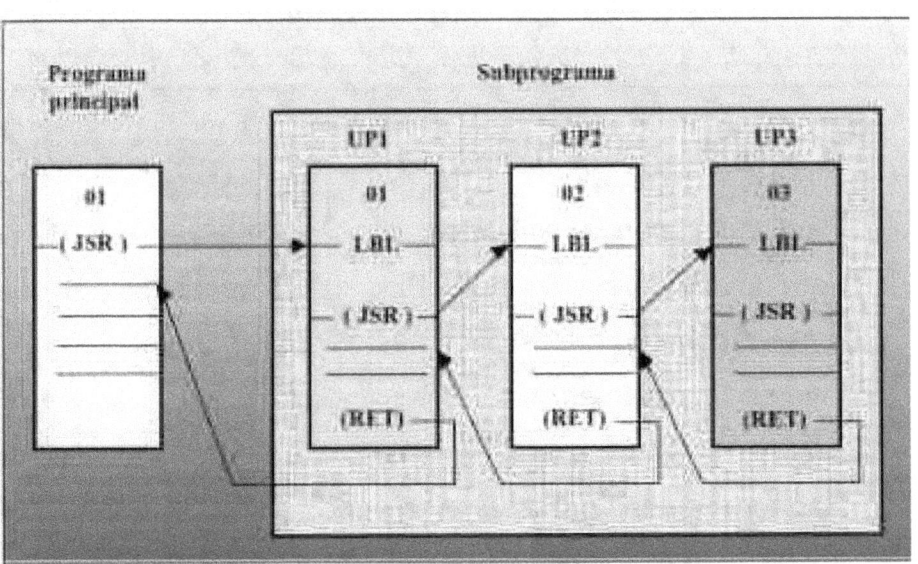

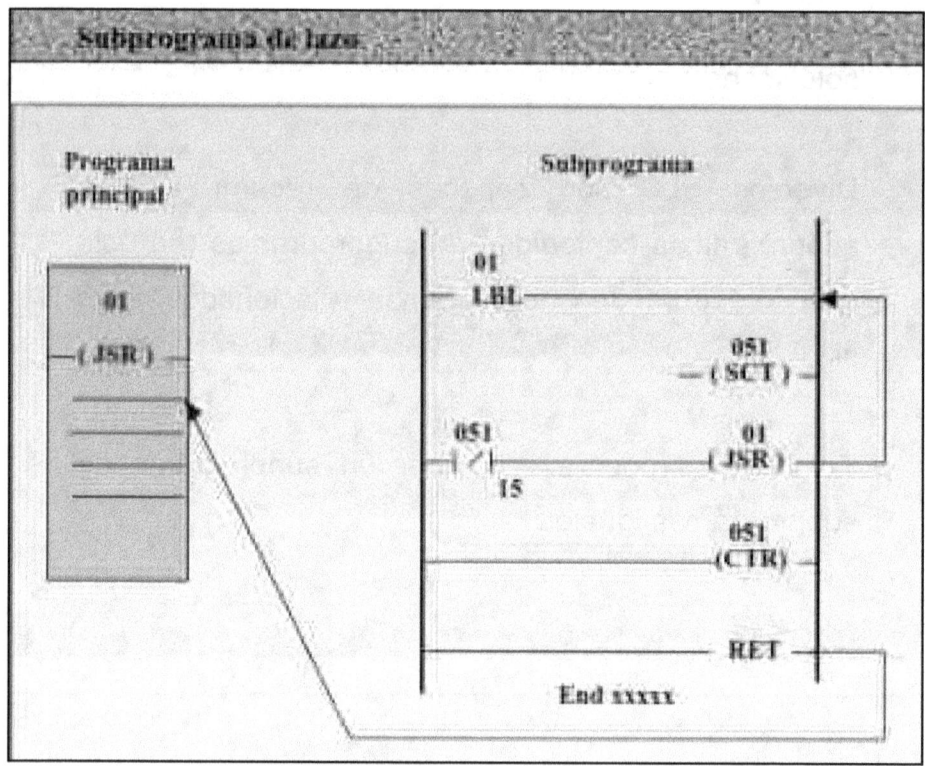

Realización con la técnica de procesadores

La unidad central del PLC 404 contiene 4 procesadores virtuales (PZ0 hasta PZ3), que ejecutan diversos programas.

Cada uno de los procesadores puede albergar uno de los programas existentes.

Por ejemplo:

El programa 7 está en el procesador 1.

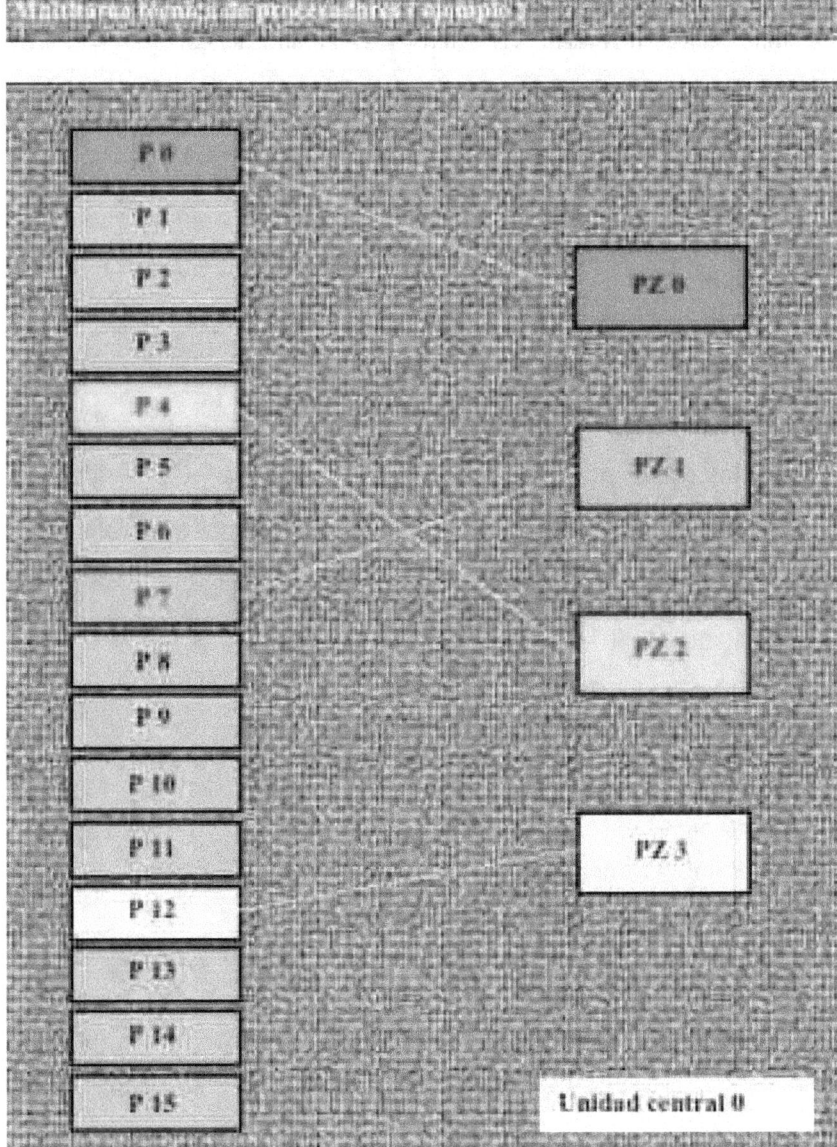

Un proyecto puede estar compuesto de 16 programas parciales. En consecuencia, es factible que como máximo se ejecuten paralelamente 4 programas por los cuatro procesadores. En principio es indiferente qué programa es ejecutado por qué procesador. Los programas KOP, FUP, AWL y BASIC pueden mezclarse indistintamente. En la figura se muestra un ejemplo. La ejecución de un programa puede ser interrumpida mediante una orden respectiva. El procesador que queda " libre " de esta manera, puede ser utilizado para activar otro programa. Cuando se conecta la unidad de control, el programa siempre es ejecutado desde el principio, es decir:

* Unidad central 0

* Procesador 0

* Programa 0

* Paso 0

* línea 0

Procesadores y programas

Los procesadores son unidades funcionales monobit que pueden ser consultadas, activadas o canceladas. Un procesador activado emite una señal "1" al ser consultado, mientras que un procesador cancelado emite una señal "0". También los programas son unidades funcionales monobit. También ellos pueden ser consultados, activados o cancelados. Un programa que está puesto en un procesador y que, además, está activado, emite una señal "1"; en caso contrario, emite una señal "0".

Activar / Desactivar programas y procesadores (ejemplo)			

IF		1 1.0	
THEN	SET	P 3.12	
Programa 12 está puesto en procesador 3 y es activado en paso 0			

IF		1 0	
THEN	SET	P1	
Programa 1 se activa si el procesador está puesto			

IF		1 7	o IF 1 7
THEN	RESET	P 3.12	THEN RESET P12
Desactivar el programa 12			

IF		1 1	
THEN	SET	PZ 0	
Programa continúa en procesador 0			

IF		I 3	
THEN	RESET	PZ 0	
Desactivar el procesador 0			

Activación de un programa

Un programa es puesto en un procesador y activado con la instrucción SET. El programa empieza a ejecutar el paso 0, sin importar si antes había sido interrumpido o no. Al escribir las direcciones del programa, se coloca delante del punto el número de procesador y detrás el número de programa. Si el programa ya está cargado en el procesador, no es necesario indicar el número de procesador.

Cancelación de un programa

La instrucción RESET tiene como consecuencia la desactivación del programa respectivo. La instrucción puede escribirse con o sin indicación del procesador activado.

Activación de un procesador

La ejecución del programa puesto en el procesador continúa en aquel lugar donde fue detenida.

Cancelación de un procesador

Esta instrucción detiene al procesador.

En consecuencia, no continúa la ejecución del programa activado.

Un programa solo debería cancelar a su propio procesador si las funciones de control necesarias son asumidas por otro programa (que continúa ejecutándose).

Programas de ejemplo

La mayor parte de tareas de control pueden dividirse en tres categorías:

* Completamente secuencial.

* Principalmente secuencial con algunas acciones aleatorias.

* Completamente aleatorio.

Adicionalmente, aparecen muchas situaciones en las cuales puede ser necesario controlar algunas secuencias de mando simultáneamente. Los siguientes ejemplos ofrecen soluciones para todas las posibilidades mencionadas.

Ejemplo 1

Completamente secuencial

Las tareas que son completamente secuenciales, son ideales para ser resueltas en el lenguaje AWL, dada su implícita estructura de Pasos (Step). La tarea secuencial que presentamos aquí es la de controlar 3 cilindros neumáticos por medio de 3 electroválvulas de 3/2 vías en una determinada secuencia. Cuando se conecta el sistema y se acciona el pulsador de marcha, el cilindro A debe avanzar completamente, esperar 3 segundos y a continuación retroceder.

A continuación, el cilindro B debe avanzar y retroceder 4 veces y después avanzar y permanecer delante.

Finalmente, el cilindro C debe avanzar completamente, en cuyo momento el cilindro A avanzará.

Cuando el cilindro A esté de nuevo completamente extendido, los tres cilindros retrocederán y se esperará un nuevo ciclo por el pulsador de marcha.

Se asignan las siguientes Entradas / Salidas

Pulsador de marcha	I 1.0
Cilindro A detrás	I 1.1
Cilindro A delante	I 1.2
Cilindro B detrás	I 1.3
Cilindro B delante	I 1.4
Cilindro C detrás	I 1.5
Cilindro C delante	I 1.6
Electroválvula del Cilindro A	O 1.0
Electroválvula del Cilindro B	O 1.1
Electroválvula del Cilindro C	O 1.2

STEP 1			Inicialización al arranque
IF			Incondicionalmente
THEN	LOAD	V 0	desconecta todas
	TO	OW 1	las salidas
	LOAD	V 300	Prepara el timer
		TP 0	en 3 segundos
	LOAD	V 4	y el contador 2
	TO	CP 2	para 4 unidades

STEP 5			Asegurar que todas las posiciones están OK
IF		I 1.0	Pulsador accionado
		I 1.1	Cilindro A detrás
	AND	I 1.3	Cilindro B detrás
	AND	I 1.5	
THEN	SET	O 1.0	iniciar avance cilindro A

STEP 10			¿ Cilindro A completamente avanzado ?
IF		I 1.2	Ahora está delante
THEN	SET		empezar a temporizar 3 segundos

STEP 12			Esperar los 3 segundos
IF		N T0	
THEN	RESET	O 1.0	retroceder cilindro A

STEP 15			¿ Cilindro A completamente detrás ?
IF		I 1.1	Cilindro A detrás
THEN	SET	C 2	Inicializa contador 2 a 4 eventos
	SET	O 1.1	avanzar cilindro B

STEP 20			¿ Cilindro B delante ¿
IF		I 1.4	ahora está delante
THEN		CW 2	cuenta este ciclo
	RESET		inicia el retroceso del cilindro B

STEP 22			¿ Existe el 4° avance ?
IF		I 1.3	Cilindro B detrás
		C 2	
THEN	SET	O 1.1	avanza cilindro B
	JMP TO	20	
IF		I 1.3	
	AND	N C2	y 4 carreras realizadas
THEN		O 1.1	avanzar cilindro B

STEP 30			¿ Cilindro B delante ?
IF		I 1.4	cilindro B delante (avance 2°)
THEN	SET	O 1.2	avanzar cilindro C

```
STEP 35                              ¿ Cilindro C delante ?
IF                    I 1.6          Cilindro C delante
THEN      SET         O 1.0          avanzar cilindro A

STEP 40                              ¿ Todos los cilindros delante ?
                      I 1.2          cilindro A también delante
THEN      RESET       O 1.0          retroceder cilindro A
          RESET       O 1.1          retroceder cilindro B
          RESET       O 1.2          retroceder cilindro C
          JMP TO                     regresar al paso 5
```

Ejemplo 2

Principalmente secuencial con algunas acciones aleatorias

Mientras que las máquinas muy sencillas pueden ser puramente secuenciales en su funcionamiento, hay algunas excepciones en las cuales cambian las especificaciones de la tarea de forma que ya no es completamente secuencial.

Si la mayor parte de la tarea de control es secuencial, y el modelo de FPC permite la multitarea, una posible solución puede ser dividir el proceso de las acciones secuenciales y las aleatorias, en programas separados.

Sin embargo, también es posible manejar tales situaciones con un sencillo programa AWL.

Si la acción (o acciones) aleatoria /s a realizar son pocas y el conjunto del programa es relativamente sencillo, entonces es posible manejar estas acciones añadiéndolas en cada uno de los pasos del programa.

Otras posibles soluciones incluyen la utilización del procesamiento por interrupción (solamente soportado por algunos modelos de FPC) o construyendo toda la secuencia como una sección de programa paralela o de exploración / scanning total.

Este método se explicará en los ejemplos 3 y 4
El ejemplo 2 muestra la inserción en cada paso del programa mostrado en el ejemplo 1, de una frase en forma de detección de un sencillo pulsador de "pausa"; el cual, cuando está pulsado, provoca la detención del programa hasta que es liberado.

STEP 1			Inicialización al arranque
IF		NOP	Incondicionalmente
THEN	LOAD	V 0	desconecta todas
		OW 1	las salidas
	LOAD	V 300	Prepara el timer
	TO	TP 0	en 3 segundos
	LOAD	V 4	y el contador 2
	TO	CP 2	para 4 unidades

STEP 5			Asegurar que todas las posiciones están OK
IF		I 1.0	Pulsador accionado
	AND	I 1.1	Cilindro A detrás
	AND	I 1.3	Cilindro B detrás
	AND	I 1.5	Cilindro C detrás
	AND	N I 1.7	Pulsador pausa inactivo
	SET	O 1.0	

			¿ Cilindro A completamente avanzado ?
IF		I 1.7	Pulsador de pausa activo
THEN	JMP TO		esperar aquí
IF		I 1.2	Ahora está delante
	SET	T0	empezar a temporizar 3 segundos

STEP 12			Esperar los 3 segundos
		I 1.7	Pulsador de pausa activo
	JMP TO		esperar aquí
IF		N T0	Timer vencido
	RESET	O 1.0	retroceder cilindro A

STEP 15			¿ Cilindro A completamente detrás ?
IF		I 1.7	Pulsador de pausa activo
THEN	JMP TO	15	esperar aquí
IF		I 1.1	Cilindro A detrás
	SET	C 2	Inicializar contador 2 a 4 eventos
	SET	O 1.1	avanzar cilindro B

STEP 20			
IF		I 1.7	Pulsador de pausa activo
THEN	JMP TO	20	esperar aquí
IF		I 1.4	ahora está delante
THEN	INC	CW 2	cuenta este ciclo
	RESET		inicia el retroceso del cilindro B

STEP 22			¿ Es éste el 4° avance ?
IF		I 1.7	
THEN	JMP TO	22	esperar aquí
IF		I 1.3	
	AND	C 2	y aún no ha hecho 4 carreras
THEN		O 1.1	avanzar cilindro B
	JMP TO		sigue haciendo ciclos
IF		I 1.3	Cilindro B detrás
	AND	N C2	y 4 carreras realizadas
	SET	O 1.1	avanzar cilindro B

```
STEP 30                              ; Cilindro B delante ?
IF                      I 1.7        Pulsador de pausa activo
THEN        JMP TO      30           esperar aquí

IF                      I 1.4
THEN                    O 1.2

STEP 34
IF                      I 1.7        Pulsador de pausa activo
THEN                    35           esperar aquí

IF                      I 1.6        Cilindro C delante
THEN        SET         O 1.0        avanzar cilindro A

STEP 40                              ; Todos los cilindros delante ?
IF                      I 1.7        Pulsador de pausa activo
            JMP TO      40           esperar aquí

IF                                   cilindro A también delante
THEN        RESET       O 1.0        retroceder cilindro A
            RESET       O 1.1        retroceder cilindro B
                        O 1.2
            JMP TO      5            regresar al paso 5
```

En resumen: es posible manejar una limitada cantidad
de condiciones en paralelo o aleatorias, dentro de lo
que, de otra forma, sería un proceso puramente
secuencial, utilizando la instrucción Step.

Ejemplo 3

Acciones completamente aleatorias

Algunas acciones de control no pueden organizarse
en una secuencia lógica ya que las acciones pueden
ocurrir de forma aleatoria.

Un ejemplo típico de tales tareas, podría ser el programa de control de la preparación de una máquina.

El proceso lo define el operador de la máquina al accionar aleatoriamente diferentes pulsadores, cada uno utilizado para una función individual.

Lo siguiente representa el programa de preparación para una máquina de inyectar plástico.

STEP 1			Inicialización
			Incondicionalmente
THEN	LOAD	V 0	desconecta todas
	TO	OW 1	
STEP 20			
IF		I 1.0	Pulsador de cerrar molde
THEN	SET	O 1.0	Cerrar molde
IF		I 1.1	Pulsador de inyectar plástico
	AND	I 2.0	
THEN	SET		Electroválvula inyección
OTHRW	RESET	O 1.3	
		I 1.2	Molde abierto
	AND	N O 1.3	Pulsador de inyección inactivo
THEN	RESET	O 1.0	Abrir molde
IF		I 1.3	Pulsador de girar mecanismo extrusor
	SET	O 1.1	Electroválvula girar extrusor
OTHRW		O 1.1	Parar extrusor
IF			Sensor molde abierto
	AND	I 1.5	Pulsador extractor molde
THEN		O 1.4	Electroválvula extractor molde
OTHRW		O 1.4	
IF		NOP	Incondicionalmente
THEN		20	

Ejemplo 4

Secuencias múltiples y acciones aleatorias

NOP

Incondicionalmente

JMP TO

seguir procesando

Máquina Transfer rotativa multi-estación

El siguiente programa AWL se utiliza para controlar una mesa circular de 4 estaciones en la que cada estación debe realizar su propia secuencia simultáneamente con las demás. Las diferentes estaciones, poseen diferente número de pasos, asociados con sus funciones individuales.

El operador debe tener la posibilidad de activar o desactivar cualquier estación. Una vez que todas las estaciones han completado sus respectivas secuencias, la mesa rotativa indexará e iniciará un nuevo ciclo. adicionalmente se utilizará un Flag Word como registro de desplazamiento para determinar que estaciones deberán trabajar, dependiendo de la presencia de pieza en la estación.

El conjunto del proceso será controlado por medio de la asignación de un registro a cada estación. a pesar de que se podrían utilizar Flags para este fin, la utilización de Registros mejora mucho el diagnóstico de la máquina en el caso de ocurrir una detención.

Este método de estructurar programas permite tantos procesos paralelos activos como número de registros se disponga, y además permite más de 65.000 pasos por proceso.

El funcionamiento de la máquina es como sigue:

Estación 1: La estación 1 es utilizada para cargar cartuchos de cinta vacíos. Si no hay cartuchos en eta estación, pero si los hay en las estaciones 2, 3 o 4, entonces aquellas estaciones funcionarán. Cuando la máquina indexa, el estado de cada estación (pieza a procesar: si/no) será actualizado.

Estación 2: La estación 2 consiste en varias acciones secuenciales que insertan dos carretes vacíos en el cartucho de cinta.

Estación 3: La estación 3 realiza varios pasos en los cuales una cinta larga es unida al carrete de la izquierda, es completamente enrollada y finalmente unida al carrete derecho.

Estación 4: La estación 4 fija la mitad superior del cartucho de cinta y lo une a la parte inferior por soldadura ultrasónica.

Finalmente, el cartucho terminado es expulsado a una caja de embalaje.

```
STEP 10                              Inicialización
          LOAD      V0             Desactivar todas las salidas
          TO        OW0
                    OW1
          TO        OW2
                    OW3
          TO        OW4
          TO        FW0            Inicializar " shift register "
          TO        R0             Registro de control de indexación  mesa
          TO        R1             Registro de control de estación 1
          TO        R2             Registro de control de estación 2
          TO        R3             Registro de control de estación 3
                    R4             Registro de control de estación 4
          LOAD      V25            Timer 2 a 1/4 de segundo
          TO        TP2
          LOAD      V250           Timer 3 a 2,5 segundos
          TO        TP3
          LOAD      V300           Timer 4 a 3 segundos
          TO        TP4
```

STEP 20			**¿Estaciones en origen ?**
IF		N I 0.0	Paro_Activo
	JMP TO	99	Rutina especial
		I 0.2	Mesa indexada
		I 2.1	Est.2 Cilindro insertor izquierdo detrás
	AND	I 2.3	Est.2 Cilindro insertor derecho detrás
	AND	N I 2.5	Est.2 Carrete izquierdo colocado
	AND	N I 2.6	Est.2 Carrete derecho colocado
	AND	I 3.1	Est.3 Pinza sujeción cinta, abierta
	AND	I 3.4	Est.3 Cilindro avance cinta, detrás
	AND	I 3.6	Est.3 Cilindro fijación derecha cinta, detrás
		I 4.1	Est.4 Cilindro inserción detrás
	AND	N I 4.3	no hay mitad superior del cartucho situada
	AND	I 4.4	Est.4 Cilindro de extracción detrás
	AND	I 0.1	Pulsador de marcha a posición de partida
	AND	I 0.0	Paro_E inactivo
	AND	(I 1.1	Cartucho en estación 1
	OR	(FW0	o piezas en alguna estación
	AND	V15	toda la palabra de 16 bits enmascarando
		> V0))	toda, excepto bits0,1,2,3 hay alguna pieza
THEN		NOP	
STEP 30			**ESTACIÓN 1**
		(R1	Registro de control estación 1 empezando
		= V0)	
	AND	(R2	
		= V 255)	
	AND	(R3	Registro de control estación 3
		= V 255)	indica ha terminado
	AND	(R4	Registro de control estación 4
		= V 255)	indica ha terminado
THEN	LOAD	V 10	Todas las estaciones han terminado, así que
	TO	R1	ya es momento de ver si se ha cargado pieza en la estación 1
		(R1	
		= V 10)	
	AND	I 1.1	sensor de pieza situada
	SET	F0.0	poner un "1" en el shift register
IF		(R1	Cuando se cumpla esto
	LOAD	V 255	todas las estaciones habrán terminado
	TO		

ESTACIÓN 2

IF		(R2	Registro de control estación 2
		= V0)	
	AND	(N I 2.0	Estación 2 no activada
	OR	N F0.1)	o no hay piezas en estación 2
THEN	LOAD	V 255	por lo tanto marcar
	TO	R2	estación 2 como terminada
IF		(R2	Registro de control estación 2, empezando
		= V 0)	
THEN	SET	O 2.0	
	SET	O 2.1	
	LOAD	V 20	
	TO	R 2	
IF		(R2	
		= V 20)	
	AND	I 2.2	lado izquierdo delante
	AND	I 2.4	
	AND		carrete izquierdo en fijación
	AND	I 2.6	carrete derecho en fijación
THEN	SET		conectar vacío de sujeción
	SET		activar el temporizador
	LOAD		actualizar registro de
	TO		control de estación 2
IF		(R2	Registro de control estación 2
		= V 30)	
	AND		transcurrido un tiempo de 1/4 de seg.
THEN	RESET		retroceder cilindro carrete izquierdo
	RESET	O 2.1	retroceder cilindro carrete derecho
	LOAD	V 40	actualizar registro de control
	TO	R2	de estación 2
		(R2	
	AND	I 2.1	cilindro carrete izquierdo detrás
	AND	I 2.2	cilindro carrete derecho detrás
	RESET	O 2.2	conmutador de vacío desconectado
	LOAD	V 255	marcar estación 2 como terminada
		R2	

			ESTACIÓN 3
		(R3 = V0)	Registro de control estación 3
		(N I 3.0	Estación 3 inactiva
	OR	N F0.2)	o no hay pieza
THEN	LOAD	V 255	por lo tanto marcar la estación 3
	TO	R3	como terminada
		(R3 = V0)	Registro de control estación 3
THEN	SET	O 3.1	
	LOAD		actualizar registro de control
	TO	R3	
IF			Registro de control estación 3
		= V 10)	
	AND	I 3.2	
THEN	SET	O 3.2	
	LOAD		actualizar registro de control
	TO	R3	
IF		(R3	Registro de control estación 3
	AND		cinta insertada en carrete
THEN	RESET	O 3.2	retroceder cilindro inserción
	RESET	O 3.1	desactivar pinza de cinta
	LOAD		actualizar registro de control de
	TO	R3	estación 3
IF		(R3 = V 40)	Registro de control estación 3
	AND	I 3.4	cilindro de inserción detrás
THEN	SET	O 3.3	arrancar motor enrollado de la cinta
		T3	arrancar temporizador de enrollado
	LOAD	V 50	actualizar registro de control
	TO	R3	de estación 3
IF		(R3 = V 50)	
		N T3	tiempo de enrollado vencido
THEN		O 3.3	parar motor de enrollado
	SET	O 3.4	avanzar cilindro inserción carrete lado der
	LOAD	V 60	actualizar registro de control
	TO	R3	de estación 3

IF		(R3 = V 60)	
	AND	I 3.5	sensor inserción carrete derecho
THEN	RESET	O 3.4	
	LOAD	V 70	actualizar registro de control
	TO	R3	de estación 3

IF		(R3 = V 70)	Registro de control estación 3
	AND	I 3.6	cilindro lado derecho detrás
THEN	LOAD	V 255	marcar registro de control
	TO	R3	de estación 3 como terminado

ESTACIÓN 4

IF		(R4 = V 0)	Registro de control estación 4
	AND	(N I 4.0	estación 4 inactiva
	OR	N F0.3)	o no hay pieza en estación 4
THEN	LOAD	V 255	por lo tanto marcar
	TO	R4	la estación como terminada

IF		(R4	Registro de control estación 4
	SET	O 4.1	bajar cartucho superior
	LOAD	V 10	actualizar registro de control
	TO		de estación 4

IF		(R4 = V 10)	Registro de control estación 4
	AND	I 4.2	cilindro de cartucho delante
	AND	I 4.3	cartucho en fijación
THEN	SET	O 4.2	activar soldadura ultrasónica
	SET	T4	empezar tiempo soldadura
	LOAD	V 20	actualizar registro de control
	TO	R4	de estación 4

IF		(R4 = V 20)	Registro de control estación 4
	AND	N T3	tiempo soldadura vencido
THEN	RESET	O 4.2	detener soldadura
	RESET	O 4.1	soltar cilindro fijación cartucho
	LOAD	V 30	actualizar registro de control
	TO	R4	de estación 4

IF		(R4	Registro de control estación 4
	AND	I 4.1	cilindro carcasa superior detrás

THEN	SET	O 4.3	
	LOAD	V 40	actualizar registro de control de
	TO	R4	estación 4
IF		(R3	Registro de control estación 4
	AND	I 4.5	cilindro de extracción delante
THEN	RESET	O 4.3	retroceder cilindro de extracción
	LOAD	V 50	actualizar registro de control
	TO	R4	de estación 4
IF		(R4	Registro de control estación 4
		= V 50)	
	AND	I 4.4	cilindro de extracción detrás
THEN	RESET	F 0.3	shift register marca " no hay pieza "
	LOAD	V 255	marcar la estación como terminada
	TO	R4	
IF		(R1	Estaciones 1-4 terminadas
		= V 255)	
THEN		V 10	registro de control de indexación
	TO	R0	
			MESA DE INDEXACIÓN
IF		(R0	Registro de control de indexación
		= V 10)	
	AND	((FW0	toda la palabra de 16 bits
	AND	V 15)	enmascarar toda excepto los bits 0,1,2,3
		> V0)	si esto es cierto, por lo menos hay una
			estación con pieza
THEN	LOAD	V 20	actualizar registro de control
	TO	R0	de indexación
		(R0	
		= V 10)	
THEN	JMP TO	10	
		(R0	Registro de control de indexación
		= V20)	hay que indexar
THEN	SET	O 0.0	activar indexación mesa
	LOAD	V 30	actualizar registro de control
	TO	R0	de indexación
IF		(R0	Registro de control de indexación
		= V 30)	
	AND		la indexación ha empezado
THEN	LOAD	V 40	activar registro de control
	TO	R0	de indexación
	LOAD	FW0	cargar shift register al MBA

	SHL		desplazar bits a la izquierda para hacerlo
	TO	FW0	coincidir con las piezas actuales presentes
			Secuencia indexación completa
IF			Registro de control de indexación
	AND	I 0.2	alcanzada nueva posición de indexación
THEN	RESET	O 0.0	
	LOAD	V0	
	TO	R0	
	TO	R1	
	TO	R2	
	TO	R3	
	TO	R4	
	JMP TO		seguir procesando
IF		N I 0.0	Paro E activo
THEN	JMP TO	99	rutina especial
			seguir procesando
IF		NOP	Incondicionalmente
THEN	JMP TO	30	sigue el proceso en el paso 30
STEP 99			
IF		I 0.0	esperar hasta que Paro E sea liberado
THEN	JMP TO	10	y reaccionar como si se arrancara de nuevo el sistema

Automatización Industrial

Ingeniería eléctrica
Tecnología, representación y funciones

Tomo 2

Ing. Miguel D'Addario

Primera edición
Comunidad Europea
2018

Índice Tomo 1

Función NO (Negación, inversión o complemento)
Función NOR (NO-O)
Función NAND (NO - Y)
Función OR - Exclusiva (XOR)
Función NOR - Exclusiva (XNOR)
Función IGUALDAD
Implementación de funciones
    Implementación de funciones lógicas con contactos
    Implementación de funciones con puertas lógicas
    Implementación de funciones con puertas NAND
    Implementación de funciones con puertas NOR
    Implementación de funciones con elementos neumáticos

Tema 3: Álgebra de Boole
Axiomas del álgebra de Boole
    Postulados y teoremas
Teorema de Morgan
Formas de una función booleana

Conversión entre formas
Simplificación de funciones
    Método algebraico
    Métodos tabulares de simplificación
    Tablas de Karnaugh
    Simplificación de ecuaciones en tablas de Karnaugh
    Estados indiferentes
    Azares o " Aleas tecnológicas "
    Tablas de Quine-Mc Cluskey

Tema 4: Grafcet
Introducción
El Grafcet
    Principios básicos
Definición de conceptos y elementos gráficos asociados
    Etapa
    Acción asociada
    Reales, Virtuales
    Incondicionales
    Condicionales
    Transición y receptividad
    Arco
    Trazos paralelos
Condiciones evolutivas

Estructuras en el Grafcet
    Estructuras básicas
    Secuencia única
    Secuencias paralelas
    Estructuras Lógicas
    Divergencia en OR
    Convergencia en OR
    Posibilidades de utilización de estas estructuras
    Divergencia en AND
    Convergencia en AND
    Saltos condicionales. Retención de secuencia
    Repetición de secuencias. Concepto de macroetapa
    Situaciones Especiales
    Evoluciones simultáneas
    Acciones y receptividades temporizadas
    Transiciones temporizadas
    Acción mantenida
Implementación de un automatismo a través del Grafcet
    Módulo secuenciador de etapa
    Obtención de las funciones lógicas a partir del diagrama GRAFCET
    Ecuación de activación / desactivación
    Ecuaciones de activación de operaciones de mando
    Funciones lógicas de activación / desactivación y estructuras lógicas
    Divergencia en OR
    Convergencia en OR
    Divergencia en AND
    Convergencia en AND
Ciclos de ejecución: Tipos
    Marcha ciclo a ciclo
    Marcha automática / Parada de ciclo
    Marcha automática / Marcha ciclo a ciclo
    Marcha de verificación en el orden del ciclo
Tratamiento de alarmas y emergencias
    Sin secuencia de emergencia
    Con secuencia de emergencia

www.ingramcontent.com/pod-product-compliance
Lightning Source LLC
Chambersburg PA
CBHW071253220526
45468CB00001B/102